范纬 主编 ◎ 张习广 绘画

古香遗珍

图说中国古代香文化

文物出版社

封面设计 张习广
版式设计 戴士娟
责任印制 张道奇
责任编辑 孙漪娜

图书在版编目（CIP）数据

古香遗珍：图说中国古代香文化 / 范纬主编；张习广绘画 . -- 北京：文物出版社，2014.1（2016.6 重印）

ISBN 978-7-5010-3947-0

Ⅰ . ①古… Ⅱ . ①范… ②张… Ⅲ . ①香料—文化—中国—图集 Ⅳ . ① TQ65-64

中国版本图书馆 CIP 数据核字 (2013) 第 313076 号

古香遗珍
——图说中国古代香文化

范纬 **主编** 张习广 **绘画**

出版发行 文物出版社
北京市东直门内北小街二号楼

图版说明 张习广 范纬
图版拍摄 孙象贤 张宇红

印刷 中煤（北京）印务有限公司
经销 新华书店
版次 二〇一四年一月第一版
印次 二〇一六年六月第二次印刷
定价 六十六元

http://www.wenwu.com E-mail：web@wenwu.com
710×1000 1/16 印张：21.5 ISBN 978-7-5010-3947-0

目录

中国香文化发展概述［代序］

中国几千年的文明，造就了中国浩如烟海的传统文化。如今，我们正处于中华民族伟大复兴的特殊历史时期，继承和发扬中国传统文化，是每个中国人所肩负的历史使命。翻开中国的历史，我们不难发现，以沉香为代表的各种天然香料，在中国人的生活中，始终占有一席之地，并形成中国的香学、香文化。在某些历史时期，香文化甚至对推动社会的发展都起到了无比重要的作用。

先秦

中国用香的历史非常悠久，北宋丁谓在《天香传》中说：『香之为用，从上古矣。』尽管人们开始用香的准确时间已经无从查考，但是从目前的考古成果来看，这一时间应该不会晚于新石器时代。整个先秦时期，香的使用有以下两个特点：一是这一时期所使用的香料均为天然之物，香料的种类比较少。就像元代熊朋来在《陈氏香谱》序中说的，『可焫者萧，可佩者兰，可鬯者郁，名为香草者无几』。二是此时香的使用多是出于祭祀和礼仪的需要。

祭祀用香起源于上古的燃烧祭祀。从考古成果来看，利用燃烧物品的方法进行祭祀，早在新石器时代就已出现。比如，在距今六千多年的湖南澧县城头山遗址，以及上海青浦淞泽遗址的祭坛中，都发现有燃烧祭祀的痕迹。从文字记载来看，三千多年前的甲骨文已有了『柴』字。清代段玉裁认为『烧柴而谓之「柴」』，也就是烧柴祭天的仪式。《尚书·尧典》记载舜曾在泰山举行柴祭。《尚书》是上古的史书，《尧典》是战国时人们根据古代资料及神话传说加工编纂而成的，具有一定的史料价值。

在周代，升烟祭天称为「禋」。东汉郑玄解释为「禋之言烟」，唐代孔颖达则认为是「芬芳之祭」。《诗·大雅·生民》记录了关于周的先祖后稷的传说，里面就提到了「禋」祭，并且写到在祭祀的时候燃烧起「萧」，即艾蒿，「其香始升，上帝居歆」。另外《诗·周颂·维清》里也有周文王进行「禋」祭的记载。郑玄说「周人尚臭」，香在周人心中占有很高的地位。由此可见，古人用燃烧香草的方式祭天祈福，正是想通过香气的上升，表达自己对上天和神明的敬意。

因为古人笃信香气能表达出敬畏之意，所以在先秦的各种礼仪中，经常有对香草的应用。如《周礼·春官·女巫》中记载：「女巫，掌岁时祓除衅浴。」这里提到的「衅浴」，就是指用香草涂身或熏身，并以香汤沐浴。清代孙诒让解释说：「《国语·齐语》云：『管仲至，三衅三浴之。』韦注云：『以香涂身曰衅。』」齐桓公迎管仲，用三衅三浴之礼，足见当时人对香的重视。另据《周礼·春官·郁人》记载：「郁人掌祼器。凡祭礼、宾客之祼事，和郁鬯以实彝而陈之。」「郁鬯」是一种香酒，用郁金之汁调和而成，古代用于祭祀或待宾客。「祼」既是一种以香酒灌地求神的祭祀形式，又是一种酌香酒敬宾客的礼仪。「彝」是盛酒的尊。

除了用于祭祀和礼仪，在人们的日常生活中，香草也起着驱虫、香身、居室熏香等多种用途。辽河流域发现的五千年前红山文化的陶熏炉炉盖、黄河流域发现的四千多年前龙山文化的蒙古包形灰陶熏炉，以及长江流域发现的四千多年前良渚文化的竹节纹灰陶熏炉等，这些考古成果都是上古先民生活用香的最好证明。

中国古代最早就是利用熏燃香料来驱虫，有文字记载的如《周礼·秋官·庶氏》：『庶氏掌除毒蛊，……以嘉草攻之。』这里说的『毒蛊』是一种害人的毒虫，『嘉草』应该是一种香草。攻即指熏。《周礼·秋官·翦氏》也说：『翦氏掌除蠹物，……以莽草熏之。』同时，古代很早便有佩香的习俗，中国第一部词典《尔雅》中有『缡』，东晋郭璞注：『即今之香缨也。』屈原《离骚》中，也有『纫秋兰以为佩』的诗句。另据《山海经》记载：『南山经之首……有木焉，其状如榖而黑理，其华四照，其名曰迷榖，佩之不迷。』也就是讲，这种树木开的光芒四射的花朵，采摘下来佩带，可以不迷失方向。《山海经》还说浮山有一种名为『熏草』的植物，它香气扑鼻，是一种香草，人们佩带这种香草，可以治疗疫病。至于说到居室熏香，除了各种出土的熏炉外，在《孔子家语》中也有关于芝兰之室的记载。

周人尚香，无论是诗人还是学者，都爱借助香来表达自己的思想。如《左传》中说的『明德维馨』，即儒家学者借助香来阐发自己的政治见解，用馨香比喻德政。香草也常在文学作品中出现，用来比喻忠贞之士。屈原的《离骚》《九歌》等诗篇中，记载了许多香草，如《离骚》中的『扈江离与辟芷兮，纫秋兰以为佩』；《九歌》中『浴兰汤兮沐芳，华采衣兮若英』。在这些诗句里，香草是超凡脱俗的象征，是浑浊世人的对立面，具有很强的象征意义。

可以说，香作为中华文明的重要组成部分，从产生之日起，便被赋予了一种高贵气质，在先秦这一漫长的历史时期里，逐渐展现出其独特的价值，为人们所钟爱和推崇。

两汉

汉代是中国用香历史上的一个重要时期。汉朝的长期统一和稳定，使得国家日渐强盛，随着疆域的不断扩大，盛产香料的南方地区逐渐纳入了大汉帝国的版图，加之丝绸之路的开通，更促进了对外贸易的发展，大量香料得以从境外引入，这些因素汇集在一起，使得中国人对香的使用，进入到了一个快速发展的时期。

秦始皇统一六国以后，中国进入了中央集权的大一统时期。汉高祖刘邦在建立汉朝之初，采取了一系列旨在恢复经济的『休养生息』政策，于是汉朝逐渐成为一个强大的帝国。国家的强盛，使得王公贵族的生活中加入了越来越多的享乐成分，熏香作为一种尊贵身份的象征，到了此时便自然而然地在上层社会中流行开来。目前的考古发掘表明，各种香具是汉代墓葬中的常见物品。在广州发掘的西汉初期南越王墓中，曾出土了三件铜制熏炉。著名的长沙马王堆一号墓中，也发现了熏炉、熏笼、香枕、香囊等多种香具。有研究表明：『自西汉晚期到东汉期间，大约半数的墓都有熏炉随葬。』从中我们不难看出两汉熏香风气之盛。从文字记载方面来看，《后汉书·钟离意传》注引蔡质《汉官仪》曰：『尚书郎入直台中，……伯使一人，女侍史二人，皆选端正者。伯使从，至止车门还，女侍史絜被服，执香炉烧熏，从入台中，给使护衣服也。』可见当时用香熏烤衣被是宫中的定制。《东宫故事》写道：『皇太子初拜，有铜博山香炉。』这说明焚香在当时的宫廷中已然成为必不可少的官仪。

熏香在汉代得以快速发展的客观条件，是香料的种类较之先秦有很大的增加。一方面，汉代建立之后，不断开疆辟土，使中国产香的地区越来越多。《太平御览》引《林邑记》记载：『朱吾以南有文狼『今越南』，野人居无室宅，依树止宿，食生肉，采香为业，与人交市。』『朱吾』是汉武帝元鼎六年『公元前一一一年』设置的县，属于日南郡。说明当时的边陲之地，早已存在以『采香为业』的人群，市场上有了香材的流通。另一方面，丝绸之路的开通，扩大了中国的对外贸易。范晔在《和香方》序中说：『『香料』并被珍于外国，无取于中土。』由此说明大部分香料是从国外传入中国的。东汉史学家班固曾在写给自己兄弟班超的信中说到：『窦侍中令载杂彩七百匹、白素三百匹，欲以市月氏马、苏合香。』

与上古烧香祭祀的传统类似，熏香在此时也被当作敬神之物继续使用，如《汉书》里就提到焚烧安息香可以『通神明』。而且，各种香料的药用价值，也开始被认识并利用。王族的墓葬中放入香料，既是一种身份的象征，同时也可以起到一定的防腐作用。如《太平御览》引《从征记》说，刘表死后，其子将各种珍贵的香料捣碎，有数十斛之多『古代一斛为十斗』，放入棺椁之中，据说后来墓葬被人挖开时，『香闻数十里』。《水经注》也记载了这段故事，提到『墓中香气远闻三四里，经月不歇』。东汉诗人秦嘉曾给家中的妻子寄去香料，信中说『今奉麝香一斤，可以辟恶气』，『好香四种各一斤，可以去秽』。

汉代开始影响中国文化领域的宗教，对香的使用也起到了推动作用。在中国道教的教义里，仙人不食人间烟火，而是以香气为食，所以道教的各种仪式中，经常采用熏香的方式。起源于印度、公元一世纪传入中国的佛教，更是历来主张用香。佛教盛行的南亚地区是香材的重要产地，那里的人很早就有用香的习惯。佛经中也曾多次提到用香的习惯，把香称作佛使。佛教香赞曰：『炉香乍爇，法界蒙熏。诸佛海会悉遥闻，随处结香云，诚意方殷，诸佛现全身。』

魏晋南北朝

魏晋南北朝时期，由于交通更加便利，国内外贸易特别是香料贸易取得了长足的发展，据南梁文学家任昉《述异记》记载，日南郡出现了专门进行香料交易的『香市』，南海郡则出现了采香的『香户』。随着香料种类的日益丰富，在当时的著作中，开始有了对香料、香品的介绍。三国吴万震的《南州异物志》、晋嵇含的《南方草木状》等书中，有许多关于香料的记载。北魏贾思勰的《齐民要术》中，也曾论及香粉的制作方法：『惟多着丁香于粉合中，自然芬芳。』南朝宋范晔曾撰有一本香学专著《和香方》，元代阴时夫《韵府群玉》有『范晔撰《和香方》三卷』的记载，此书今已亡佚，仅留下一段自序，借用香料类比朝中人物。

香料种类和数量的不断增加，使得魏晋以来用香更加普遍。据《太平御览》引《魏武令》记载，魏武帝曹操，在『天下初定』时，出于节俭方面的考虑，曾『禁家内不得香熏』，『以香藏衣着身亦不得』。但是后来为了房室清洁，也就『听得烧枫胶及蕙草』了。曹操还曾向诸葛亮寄赠鸡舌香。《魏武帝集·与诸葛亮书》中说：『今奉鸡舌香五斤，以表微意。』曹操在临终时，遗嘱中特意嘱托将自己珍藏的香品分给诸位夫人。曹操次子、魏文帝曹丕曾遣使东吴孙权处求雀头香［香附子］，事见于《江表传》［见《三国志》，斐松之注］，《太平御览》也曾引用过。

南北朝时期，后赵武帝石虎『作流苏帐，顶安金莲花，花中悬金薄织成綩囊，囊受三升以盛香，帐之四面上十二香囊，采色亦同』。南朝齐东昏侯萧宝卷，是中国历史上有名的荒唐皇帝，生活奢侈。

《太平御览》引《齐书》记载：『［东昏侯］拜爱姬潘氏为贵妃，仍以金莲贴地，使妃行于其上，曰此步步莲花耶。……刻画雕彩，麝香涂壁，锦幔珠帘，穷极绮丽。』《陈书》中说，陈后主沈皇后『于光照殿前起临春、结绮、望仙三阁，阁高数丈，并数十间，其窗牖、壁带、悬楣、栏槛之类，并以沉檀香木为之』。

除去宫廷用香，此时香也开始进入士大夫的生活，只是由于香料价格十分昂贵，能用的起的多是巨富之家。《晋书·王敦传》记载，东晋石崇『以奢豪矜物』，家中厕所『常有十余婢侍列，皆有容色，置甲煎粉、沉香汁，有如厕者，皆易新衣而出』。同书《刘寔传》记载，崇尚节俭的尚书郎刘寔有一次到石崇家拜访，『如厕，见有绛纹帐，裀褥甚丽，两婢持香囊，寔便退，笑谓崇曰：「误入卿内。」崇曰：「是厕耳。」寔曰：「贫士未尝得此。」』

魏晋南北朝是中国历史上政治最为混乱，同时也是精神最为自由的年代，魏晋玄学的产生和发展，造就了人们崇尚简约淡泊、追求超凡脱俗的哲学思想，香烟缭绕的意境恰好与这种哲学思想相吻合。佛、道两教的进一步发展，神仙故事的不断传播，也给香带来了一些神秘的色彩。《太平御览》引《世说新语》说，东晋时有个叫陈庄的人，『入武当山学道，所居恒有白烟，香气闻彻』；又引《续晋安帝纪》说，陈庄曾拜访魏兴太守郭宣之，『去后郡内悉闻香，状如芳烟流散』。《梁书·韩怀明传》载：『［韩怀明］十岁母患尸疰，每发辄危殆，怀明夜于星下稽颡祈祷。时寒甚切，忽闻香气，空中有人语曰：「童子母须臾永差，无劳自苦。」未晓而母豁然平复。』香气在这一时间已成为神仙出现的象征。

隋唐

隋唐时期，中国结束了魏晋南北朝近四百年的分裂状态，在空前统一的辽阔疆域内，各族人民互相融合，创造出了灿烂辉煌的文明，封建社会进入了一个鼎盛时期。经济的发展，科技的进步，交通的发达，使得香料贸易出现了前所未有的繁荣局面，香料的普及在此时有了很大的发展。

在中国古代对外贸易史上，香料的进口一直占据主导地位。隋唐两代，中国对外贸易的重心逐渐由陆路改为海路。唐代中期，海上丝绸之路迅速发展，其时大食、波斯「大食的属国」的外商遍布沿海各港口，尤以广州最盛。到唐末，广州的外商数量已经十分可观。据史料记载，黄巢在攻陷广州前，勒索巨款不遂，所以在城陷时屠杀外商达十二万之多。正是通过如此庞大的外商群体，使得香料能够源源不断地流入中国。

除了从国外引入，香料也已成为唐代许多州郡的重要特产。唐代刘餗的《隋唐嘉话》中曾记载了这样的一个故事：『谢朓诗云：「芳洲多杜若。」贞观中，医局求杜若，度支郎乃下坊州令贡。州判司报云：「坊州不出杜若。应由谢朓诗误。」太宗闻之大笑。判司改雍州司法，度支郎免官。』唐代度支司为掌管财政收支和物资调运的官署。太医院要用杜若，糊涂的度支郎「度支司长官」就去向坊州调拨。坊州的判司「负责批转公文的小官」如实回报，结果升为雍州司法「主管刑法的官」。度支郎却被免了官。从这个故事中，可以清楚地看到唐代已经建立起从地方州郡向朝廷调运香料的制度。

香料的普及，使得隋唐时期的用香量非常大。《香乘》曾引唐代苏鄂的《杜阳杂编》说：『隋炀帝每至除夜，殿前诸院设火山数十，车沉水香，每一山焚沉香数车。……以甲煎沃土，焰起数丈，香闻数十里。一夜之中用沉香二百余乘，甲煎二百余石。』

宋陶穀《清异录》记载唐中宗韦皇后与皇亲国戚、权臣『各携名香，比试优劣，名曰「斗香」』。当时日本受其影响，出现了平安贵族模仿的竞香雅会。据唐代郑处海《明皇杂录》记载，唐明皇时期，宫内建有沉香亭，明皇与贵妃曾在亭上赏木芍药。这里的『沉香亭』应该是用能生成沉香的树木造的亭子。另据五代王仁裕《开元天宝遗事》记载，当时权倾朝野的杨国忠宅中有『四香阁』：『沉香为阁，檀香为栏，以麝香、乳香筛土和为泥饰壁。每于春时，木芍药盛开之际，聚宾于此阁上赏花焉。禁中沉香之亭，远不侔此壮丽也。』

香料的大量涌入，使香的价格大大降低，隋唐以后，焚香开始慢慢地推广到民间。唐代文人普遍用香，留下了许多咏香的诗句。如王维的『朝罢香烟携满袖，诗成珠玉在挥毫』；杜甫的『雷声忽送千峰雨，花气浑如百和香』；白居易的『闲吟四句偈，静对一炉香』。

到了五代，香的使用更加生活化，甚至赏花时也焚香助兴，而且还非常有讲究。如五代韩熙载提出：『对花焚香，有风味相和，其妙不可言者。木犀宜龙脑，酴醾宜沉水，兰宜四绝，含笑宜麝，薝蔔宜檀。』足见这时的文人士大夫对香气的研究之细腻与高雅。

宋元

宋代，中国香文化发展到了一个鼎盛时期。发达的海外贸易、日趋成熟的香料运销机制，使得这一时期香的使用遍及社会生活的各方面。随着用香群体的逐渐扩大，围绕香的制作和使用，形成了一个发达的产业。文人普遍用香、制香，出现了许多论香的专著。文学作品中，对香的描写已经十分普遍。香在此时已经深入人心，成为人们生活中必不可少的组成部分。

宋王朝建国不久，便由于「外有岁币、内有冗员」而呈现出了财政上的种种困难，进而出现对海外贸易的依赖。据史料记载，当时与阿拉伯贸易的南方各港口的税收是国家最大宗的收入之一。与此同时，历时二百年的十字军东征［一〇九五至一二七〇年］严重耗费了阿拉伯帝国的国力，国家财政十分困难。为了广开财源，阿拉伯人不得不大力发展商业，来华贸易成为主要途径，而贸易的物品则以香料为主。基于以上因素，宋代的香料贸易空前繁荣。据全汉升的《宋代广州的国内外贸易》一文，当时较为重要的香料贸易品有：龙涎香、龙脑香、沉香、乳香［熏陆香］、木香、蕃栀子、耶悉茗花［素馨花］、蔷薇露等。外国运来的香药，由各地的市舶司管理。市舶司就是后来的海关，始设于唐，负责海外贸易，到了宋代变得越发重要。广州、番禺、杭州、明州、泉州等地都设有市舶司。在市舶司掌管的各种贸易中，香料贸易占有首要的地位，并且出现了专门从事香料运输的「香舶」。一九七四年福建泉州发掘出一艘宋代香舶，上面就装载有龙涎香、沉香、乳香、降真香、檀香等香料。宋代香料进口的数量是非常庞大的，据史料记载，北宋神宗熙宁十年［一〇七七年］，仅广州一地所收乳香数量就高达二十多万公斤。

正是因为香料数量十分充足，所以宋代香的使用得到了很大的普及。香与人们的关系越来越密切，遍布人们生活的方方面面。北宋司马光撰写的《司马氏书仪》一书，记录了当时民间的通用礼仪，其中便多次涉及香的使用。书中有「焚香」二十二处、「香炉」九处、「炷香」八处，另外还涉及香酒、香盒、香匙等。北宋画家张择端的《清明上河图》是一幅生动记录当时城市生活面貌的传世名画，里面多处描绘了与香有关的场景。最有代表性的是其中绘有一家香铺，门前立有『刘家上色沉檀楝香』字样的招牌。『沉』是指沉香，『檀』是檀香，『楝』则是指上品乳香。香铺中除了贩卖香料之外，也生产香的成品，如合香、棒香、香水等。香铺之外，市井之中还有一些与香有关的行业。据南宋吴自牧《梦粱录》记载，南宋都城临安有专门制作印香的人，『每日印香而去，遇月支请香钱』。又如南宋周密《武林旧事》卷六『酒楼』条中，提到酒楼上『有老妪以小炉炷香为供』，称为『香婆』。宋代香事如此发达，关于香的书籍也十分丰富。北宋初李昉编辑的《太平御览》中，就收录有『香部』三卷。其中列出香料共四十二种，并记述了许多与香有关的故事。周去非的《岭外代答》、范成大的《桂海虞衡志》、赵汝适的《诸蕃志》中，也都有对香料的记载。另外，在《宋会要辑稿》《宋史》及各种宋人笔记中，亦可散见一些香料的名称。最为突出的是，宋代出现了很多『香谱』类的书籍。宋元之际陈敬在编写《陈氏香谱》时，所引用的各家谱录便有沈立《香谱》、洪驹父《香谱》、武冈公库《香谱》、张子敬《续香谱》、潜斋《香谱拾遗》、颜持约《香史》、叶庭珪《香录》等。洪刍［驹父］的《香谱》写于北宋末，分『香之品』『香之异』『香之事』『香之法』四个部分。其中『香之品』部分记有四十三种香料，记载得很是详细。《香录》的作者，南宋叶廷珪，更是供职于市舶司，收集了不少第一手资料。他在自序中说：『余于泉州职事，实兼舶司，因蕃商之至，询究本末，录之以广异闻。』而《陈氏香谱》则是一部博采宋代诸家成果的集大成之作，是研究宋代用香历史的一本重要参考书。

宋代文人中盛行用香，黄庭坚曾自称『有香癖』，苏轼曾亲自制作了一种篆香赠与苏辙作为寿礼，陆游则作有《烧香》诗。在宋代的诗词之中，自然不乏有写香的佳句，如晏殊的『翠叶苍莺，珠帘隔燕，炉香静逐游丝转』；欧阳修的『沉麝不烧金鸭冷，笼月照梨花』；李清照的『薄雾浓云愁永昼，瑞脑销金兽』；陆游的『一寸丹心幸无愧，庭空月白夜烧香』。『焚香静坐』『鼻观心参』，宋代文人已将品香升华为生活的艺术。

宋人用香上自朝野，下至庶民，甚至影响到周边的国家。正如台湾学者刘静敏在《宋代〈香谱〉之研究》一书中所写：『宋人善香风尚，不限于中土，流风所及，邻国高丽与日本也熏染焚香风雅。从徐兢《宣和奉使高丽图经》卷十三记其兽炉，所焚笃耨、龙脑、旃檀、沉水之属，皆宋朝廷御府所赐。而日本京都的经冢出土一批宋代南方地区所产瓷香盒，青森与镰仓出土各种元代龙泉窑香炉等，都说明宋代用香风气远播。』

在元代的对外贸易中，香料仍是主要的商品。《马可·波罗游记》中曾提到中国人从印度贩运香料，满载而归。元代的皇室和贵族很注意养生，用沉香、麝香、檀香、龙脑等二三十种香药，配制成『异香丸』，每日服用，能使人身体康健且发出异香。元人还在沐浴时用香料煮水，增加身体的柔润和香气。元杂剧《谢天香》细致地描绘了妇女用『熬麸浆细香澡豆』沐浴的场景，更证明元代除熏香外，采用香药煮水沐浴很普遍，也很盛行。在今天南方有些地区，老百姓仍爱用生姜、鲜花泡水沐浴，既除湿气，又香身体，还使皮肤润滑舒服。

明清

进入明代以后，明成祖朱棣为开拓海外航线，取得对外贸易的主动权，于一四〇五年起令郑和率领两万余人的庞大船队多次下西洋。船队曾到达南洋、印度洋沿岸以及波斯、阿拉伯等三十多个国家。沿途用丝帛、瓷器、茶叶等中国特产与各国进行交易。香料是交易回来的主要商品，包括檀香、龙脑、乳香、木香、安息香、没药、苏合香等。这些香料除供宫廷使用外，大部分被销往各地。明代是中国香文化发展的成熟期，香的使用更为普及，手工制作的线香开始广泛使用，并已形成了成熟的制作技术。《本草纲目》中记有「使用白芷、甘松、独居、丁香、藿香、角茴香、大黄、黄芩、柏木等为香末，加入榆皮面作糊和剂，可以做香［成条如线］」。这一制香方法的记载是现存最早的关于线香的文字记录。

除了用香、制香的发达，明代学者对香的研究也有了长足的进步。继宋代大量出现香谱类著作之后，明朝末年出现了一部集历代香谱之大成的作品，即周嘉胄的《香乘》。

周嘉胄，字江左，扬州人，生卒年及事迹均不详。据他在该书自序中所云，推测此人「好睡嗜香，性习成癖」。《香乘》一书初成于万历戊午年［一六一八年］，当时全书只有十三卷。后来，作者认为该书过于简略且疏漏较多，于是广泛搜集香之名品、典故及鉴赏之法，旁征博引，一一具言始末，积二十余年之力，重新编写。该书于崇祯辛巳年［一六四一年］刊出，作者自为前后二序，另有李维祯序言一篇。是书一共二十八卷。卷一至卷五，载「香品」一百八十余种，总述香品的产地及历史，分述各种香品的特点、优劣、用途等。卷六载「佛藏诸香」，记「象藏香」以下四十三种，主要叙述各香品的功用。卷七载「宫掖诸香」，记「熏香」以下四十六种，都是春秋战国以来历代王公贵族所用之香。卷八载「香异」，主要记述「沉榆香」以下近五十种香品的特异品质。卷九至卷十载「天文香」五种、「地理香」二十种、「草木香」四十六种、「鸟兽香」十五种、「宫室香」二十八种、「身体香」八种、『饮食香』二十一种、『器具香』三十二种。卷十一至卷十二为『香事别录』，记述『香尉』以下香事一百五十余件。卷十三为『香绪余』，记『香字义』以下三十多件。卷十四至卷二十五，搜集所能见到的各种香方，包括『法和众妙香』『凝合花香』『熏佩之香』『涂傅之香』『香属』『印篆诸香』『晦斋香谱』『墨娥小录香谱』『猎香新谱』等，一共四百余种。卷二十六为『香炉类』，主要记述香炉及与香炉有关之事近四十件。卷二十七为『香诗汇』，主要记载历代诗词近四十首。卷二十八为『香文汇』，记载历代名人关于香的文章二十篇。是书采集十分繁富，编次条理分明，代表了我国古代香学研究的最高成就，也为中国传统香文化做了一次总结。

明宣德三年［一四二八年］，宣宗皇帝差遣能工巧匠，以黄铜为主料，制造了一批精美的铜制香炉，这就是著名的『宣德炉』【注】。

清代建国之初，为防范台湾郑氏反清势力，东南沿海实行海禁，仅允许广州『一口通商』。十七世纪晚期，康熙皇帝平定了三藩之乱、收复台湾之后，清帝国进入繁盛时期。康熙二十四年［一六八五年］

【注】明宣德三年［一四二八年］，暹罗国［今泰国］进贡了几万斤优质黄铜矿石。黄铜是由铀铜和锌所组成的合金，呈淡金黄色，有光泽，十分惹人喜爱。于是宣宗差遣礼部会同太常寺礼监组织能工巧匠，以黄铜为主，加入金、银、锡、铅等金属，配上各种宝石一并精工冶炼，制造了一批铜制香炉。铜炉的款式取法于《宣和博古图录》等金石类书籍以及内库所藏柴、汝、官、哥、定各窑器皿。这就是著名的『宣德炉』。由于宣德炉的用料十分考究，铸造工艺更是精益求精，因此成为我国铜制香炉最高成就的代表，进而成了铜制香炉的代名词。现在一提起铜香炉，人们往往会和『宣德炉』画上等号。其实真正宣德三年官铸的宣德炉，历经数百年的动荡、战乱，存世的已经很少。目前人们所见的，多是仿造品甚至是伪造品，但即便在仿品中，也不乏价值颇高的精品，由此更可见宣德炉的影响之深远。

开海通商，在东南沿海设粤海、闽海、浙海、江海四大海关，海上贸易得到发展。但一七五七年乾隆皇帝上谕『口岸定于广东，洋船只准在广东收泊贸易』，其他三口岸被关闭，从此中国又遭遇了长达两个世纪的闭关锁国，海外进口的香料、木材等物资因之减少，如沉香、紫檀木等，在乾隆时期就已经十分珍贵。但是明代制香技术的成熟和线香在民间的广泛使用，延续至清代，焚香、熏香仍是人们日常生活中不可或缺的部分，线香、篆香仍普遍使用。高品质的香料，如沉香、檀香、龙涎香、麝香等，一直以来都是皇室贵胄、商贾巨富的消费品，海外进口虽然受限，但不会影响到这些人的奢侈需求。合香用沉、檀、龙、麝等香料之外，多用的是香药一类的香材，亦可以就地取材，不会影响普通人的使用。

据清乾隆二十八年［一七六三年］八月的《香行记事碑》记载：『自来香行原有公会。祈榖坛关圣帝君神前进香。其来久矣。其中举意，虔诚尽心。』捐助香行店客铺号有：□隆号、内如松号、裕泰号、东如松号、六合号、李生号、合顺号、公顺号、隆盛号、天成号、异馨斋、庆合号。香末行：双裕号。榆面行：福泰号、由命轩、宾兴斋、宝兴楼、益元号、新德店、万顺号、湧泉号、河兴号、德兴店。以上共二十三家。另有：公和号、复兴厂、复隆号、古石高、天瑞楼、庆诚轩、馨兰斋、名远楼、民合轩、广瑞轩、宝香楼、□源号、恒□号、泰□号、万郁楼、□兴号、裕兴号、公泰号、瑞兴号、大成厂、天成厂、广茂号、天馥斋、宝□轩、广合轩。以上共二十五家。花汉冲、东闻异轩、北闻异轩、宝兴香局、合香楼、□冀斋、□馥轩、芝兰轩、万馨楼、桂香楼、天馥楼、仙香阁、万蓉楼、东馥轩、清馥馆、广福斋、万香楼、万诚楼、广诚楼、天泰楼、万馨斋、广德楼、蕙香斋、万香阁、北蕙兰斋、聚诚楼、建诚楼、西万和轩、蕙兰香局、万馥轩、天和轩、广兴斋、聚定斋。以上共三十三家。香行店东有：［香末行］金克圣、朱凌桂、仉世祥、冯国瑞、任廷贵、金彪、王文□。［香面行］田宏圣、可孙珍、田梁贤。

从以上所录香行赞助立碑的人名、字号可知，清代制香、售香等方面分工细致、明确，分布地区广泛。仅从北京一例，便能了解清代用香普及的概况。当然，此时已不能与隋唐时相比，隋炀帝过年一个晚上用二百乘沉香、二百石甲香，粗放的焚烧一夜。千多年后的清代，人们对香已不是单纯地从气味上认知，早已升华到了精神层次。

清代况周颐《眉庐从话》记载：『每岁元旦，太和殿设朝，金炉内所爇香名「四弃香」，清微澹远，迥殊常品，以梨及苹婆等四种果皮晒干制成。历代相传，用之已久，昭俭德也。』《钦定上旧闻考》记载了许多乾隆皇帝咏香的诗句：『金鼎烟中三殿曙，林钟律裹八音拔』『曈昽晓阙启芙蓉，香拥金炉露气浓』『晨曦炯炯洁斋宫，一缕炉烟散绮栊』。御书联：『篆袅金炉，入座和风初送暖；花迎玉佩，映阶芳草自生荣』和『四壁图书饶古色，重廉烟篆挹清芬』。清代的小说、笔记等作品中，记载了许多『鼻观』的文字。曹雪芹《红楼梦》、蒲松龄《聊斋志异》等名著中，都有对香的记载。特别是清光绪年间刊印的绘画插图本的《聊斋志异》，全书四百三十九幅图画，其中三十六幅绘有与焚香、熏香有关的各式香具、熏炉，再现了中国古人品香、用香的场景，为我们研究中国古代香学提供了直观的生动资料。

近现代

在一九一二至一九四九这短暂的三十余年中，国人经历了重大的历史变革：清朝的灭亡，中国几千年封建王朝统治的结束；民国年间新旧思想、新旧势力的冲突；西学东渐，中西文化的剧烈碰撞；日本帝国主义的侵华以及随后的国内战争。战争与动荡带给中国人民无尽的灾难与苦痛，使原本富裕、讲究的中华民族，变的贫穷不堪。中国传统文化的发展受到极大的影响，香文化当然也不例外。这时期熏香只在少数遗老、知识阶层依稀存在，此外更多的是普通人的宗教用香。在民国笔记小说及一些文人遗留的文字中，还有些许对香的记载。如马叙伦《石屋余渖》中记载《金鱼唱和词》有『兽炉香里日偏长，独自倚楼惆怅』之句。点滴诗词透露出近代文人对香的依恋，品香在当时仍然是一种生活艺术。

一九四九年新中国成立以后，人们的生活自由、安定，少数老知识分子重拾旧日生活情趣，延续了熏香的习惯。如鄙人父即旧文人，出生于十九世纪末，熏香是他生活中的平常事，无论读书、写字、会友，都会制一款篆香。当时用的香面是家中旧存的沉香，也自制合香，那是用在西四牌楼同仁堂选购的霍香、香附子、白梅花之类的药香料配制而成，用纸煤子余火点燃篆香，别有一番情趣。一九六六年以后，那段特殊时期，家里的文玩旧物，如沉香山核桃形暖手、香炉等，被破了四旧，当然熏香也在家中消失了。

对大多数人来说，一九四九年以后，熏香的确逐渐淡出了日常生活。以北京为例，原北京广安门内报国寺西夹道有一个大院，一九五八年那里仍有『广内制香厂』，一九六二年以后迁至广安门外。这家香厂曾生产大众的生活用香，如驱臭的芭兰香、熏蚊虫的卫生香等。一九七八年几个小厂合并，变成了『广内光娜日化厂』。

改革开放到二十一世纪初期，国家经济快速发展，人民生活越来越稳定、富裕。特别是近些年，随着国内收藏热的升温，兼具观赏和药用价值的沉香开始成为收藏界的新宠。在市场上，好的沉香每克售价可达几千元至上万美元不等，由此可见人们对沉香的喜爱。一块小小的香料，之所以具有如此大的吸引力，是因为它有着十分丰富的文化内涵。沉香热的背后，是中国人几千年来用香的历史，以及由此形成的『香』的文化。特别让人欣慰的是，几近消失的中国几千年的香文化，在今天重新被人们捧起，仔细地审视、鼻观，作为中国传统文化的一部分，香的文化正在被国人继承和发扬光大。

范纬

二〇一三年十月于北京

图版目录

图版

天香

丁谓，苏州人，宋代淳化年进士出身，官至首相，敕封晋国公。多才多艺，通音律，擅棋琴书画，知香道。因被贬官发往海南岛，而有机会研究海南所产多种香料，撰写了《天香传》一书。他流落岭南十五载，七十二岁时死于光州。据《新纂香谱》一书点评：『史称丁谓临终之前半月已不食，只是焚香端坐，默诵佛书，不断小口喝一点沉香煎汤，启手足之际嘱咐后事，神识不乱，正衣冠而悄然逝去。』

丁谓『提出沉香气味「清远深长」的评价标准，是历史上对沉香有详细见解的第一人，……奠定了海南岛黎母山所产沉香品为第一的地位，其后历朝论香者皆以海南沉香为正宗。《天香传》还开启了宋代以「香」为主的「点茶、焚香、挂画、插花」四般闲事的文人雅士趣味生活。』

口含鸡舌香

在汉代，大约人们尚未习惯刷牙，因而口中不免产生异味，使他人不快。所以，人们想出一种补救的办法，就是像现在嚼口香糖一样把香料含在口中。《汉官仪》和《汉官典职》都记载了尚书郎向皇帝奏事时须口含鸡舌香的规定，称：『尚书郎怀香握兰，趋走丹墀。』《汉中仪》一书还记述了汉桓帝赐大臣鸡舌香的有趣故事。有个叫乃存的侍中，年纪很大，因消化系统较差，口臭很严重。皇帝照顾老臣的面子没有直说，只是赐给他一些口含的鸡舌香。不想乃存没有见过鸡舌香，含在嘴里辛辣刺痛，还以为自己犯了大错，皇帝给他毒药赐死。回家后，一边拿着这些鸡舌香准备倒进口中，一边向家人哭泣诀别。前来拜访的同僚询问后，发现是香品而非毒药，都大笑其无知，冒了傻气。

唐诗中描写口含鸡舌香事的诗句有『鸡香含处隔青天』『远含鸡舌过新丰』，明代有诗句『春雪同含鸡舌香』。

龙涎香

这是一则与龙涎香有关的有趣故事：宋徽宗赵佶有一天闲闷得很，想找点事散散心，于是传下旨意，要检查一下大内诸司情况，弄得大小官吏人心惶惶。赵佶倒也不辞辛苦，不是骑马就是乘轿，连走各司视察，数天后才告结束。当他决定将奉辰库并入内藏库时，发现有一种物品数量众多，外形也不怎么好看，因为是前朝存下的旧物，加上管理混乱，谁也搞不清是哪来的、叫什么、有什么用途。因为要移库腾地儿，所以决定将其分赐众官吏算了。没想到有人用如豆子大小的一小块，放在香炉上焚烧时，室内马上『作异花气，芳郁满座，终日略不歇』。有人禀告赵佶，他才明白这是龙涎香，宝贵物件怎舍得给人？立马传旨，原来分赐给众大臣的现在无论剩余多少全部返还，锁入禁中，还将此珍贵香料定名『古龙涎香』。于是官僚们争先到市面上寻觅，引起炒作龙涎香热，以至一饼竟值五百缗。

分香

曹操在我们中国是妇孺皆知的古代名人。据《太平御览》一书中所引用《魏武令》的内容，可以了解到在『天下初定』之际，他出于大兴节俭之风的考虑，曾经颁布了『禁家内不得香熏』『以香藏衣着亦不得』的法令。但随着社会的进步，讲究生活环境及个人卫生的要求提到日程上来，地位不断提高的曹操也开始习惯日常的用香。与此同时，香事也涉入了军事、政治活动范围之内。据《魏武帝集·与诸葛亮书》中记载，曹操曾把香品作为礼物赠与诸葛亮：『今奉鸡舌香五斤，以表微意。』曹操临终作《遗令》吩咐后事时，还提到把目前剩余的香料分送给几位夫人，此举被后人称之为『分香』。罗贯中所著《三国演义》中，第七十八回《治风疾神医身死 传遗命奸雄数终》也提到『操令近侍取平日所藏名香，分赐诸侍妾，且嘱曰：「吾死之后，汝等须勤习女工，多造丝履，卖之可以得钱自给。」』

以斗香、品香为内容的香会，作为上流社会的一种社交活动，古已有之。

皇室斗香

据记载，亡国之君李后主的父亲，即五代十国时期南唐皇帝李璟，非常喜欢香事，经常在宫中大摆香宴。保大七年［九四九年］的一天，李璟又召集大臣宗室中懂香之人到宫内参加品香集会。有人统计这一次使用的包括中外出产的香料、合香以及煎饮、佩带等所用各色香品共九十二种。在父亲的熏陶之下，李煜也对香事颇有研究。光是他开发的『帐中香法』就有五种之多，他还写下不少有关香事的诗词，如『红日已高三丈透，金炉次第添香兽』『炉香闲袅凤凰儿』。

画中上部所绘于偏殿中稳坐之人就是李璟。李璟的形象根据五代南唐《重屏会棋图》而绘，有据可查，由于是高雅闲适的娱乐活动，所穿为休闲装而非正式朝服。

画面居中人物所捧香炉为唐代邢窑白釉三足炉。

斗香雅聚

宋代陶穀《清异录》载，唐中宗时，皇后韦氏与亲属权臣经常举办雅会，各携名香比试优劣，名曰斗香。

画面中桌上摆的几只香炉，左起第二只，即戴冠女性面前的那只香炉，与现藏于日本奈良的唐代白瓷蟠龙博山炉相似。与画面上右后方的香炉相似且存世的有唐代墓葬出土的褐釉五足炉，与桌前最大香炉相似者为唐代法门寺地宫出土的银鎏金卧龟莲花纹五足朵带香炉。

焚香读疏

明代托孤老臣、大学士张居正和吕调阳以史为鉴，为十岁的少年天子万历皇帝编写了一本《帝鉴图说》，用现代话来解释就是《怎样当个好皇帝》。其中有一节《焚香读疏》，原文为：『［唐］宣宗乐闻规谏，凡谏官论事，门下封驳，苟合于理，常屈意从之。得大臣章疏，必焚香盥手而读。』讲述的是要做一位开明皇帝，就不要固执己见，应以施行大臣们合乎道理的提案为要。唐宣宗焚香盥手读大臣的奏章，不仅表示出一种对臣下的尊重态度，而且只有平心静气、集中精力，方可研究大臣们治国方略的正误。

五爪云龙冠架

河北曲阳五代王处直墓壁画中绘有一个放置官帽的帽架［见画面左上示意图］，为现代人提供了当时做官者退朝归家，摘下官帽后如何摆放的视觉资料。民国时期平常人家的条案上，也摆有瓷质圆柱形帽筒，同样是安放帽子用的。但对于皇家来说，过于家常的物件儿不能突显他们的尊贵。《紫禁城》杂志曾有一篇介绍雍正皇帝根据自己的喜好和使用要求，传旨令景德镇督办陶瓷的官吏，实现其所提出的兼具熏香功能的帽架的设计方案。不用说，经过聪明和具有实践经验的制陶工匠的努力，皇帝交办的任务如期完成。

画面所示帽架为清代乾隆珐琅彩转心活环镂空云龙冠架，高近四十厘米。据台湾故宫博物院资料，此冠架为圆球状器身，球体为可转动的花熏，球面镂空云纹并绘有五爪金龙，球顶有一小圆盖可以打开，将各种香料或鲜花放入，皇帝把皇冠摘下，可安置其上，再戴上时已熏有香气，可使皇帝得到一种芳气袭人、神清气爽的美好体验。冠架下部为承座，有两枚活环，套装在镂空可转动的雕花外罩上，座盘较宽，十分稳定。

这件五爪云龙冠架，应是乾隆所用之物。可以想见当年制瓷工匠制作此物时克服了不知多少困难，在高温烧制中，立架及镂空球体难免发生开裂、变形、塌陷等问题，解决上述成型问题后，还要进行繁复纹饰的彩绘和二次烧制，又要从不知多少件成品中精心挑选出完美成器，为了长途运输可能出现的残损，还要选出备件，可见这件皇帝日常用品的珍贵。

二〇〇九年拍卖的一件清代乾隆香熏冠架成交价为二亿人民币。

暗香盈袖

宋代有位叫梅询的官吏，在真宗朝即为名臣，仁宗朝官至翰林侍读，雅好燃香。他有一个有趣的习惯，每天晨起上朝前必点燃两个香炉，静坐以待朝服内贮满香烟，然后缩紧袖口，赶紧走到办公室，于众同事面前，把袖筒撒开，可能还要多抖落几下，使所贮香气充满全室，方才开始办理公务。

权贵熏香

宋徽宗时期，蔡京为万人之上的权相，有日偶感风寒在家休假，有下属前来探病问候。客人落座后，蔡太师命丫环为客焚香。可是过了一会儿，客人奇怪起来，怎么在朝廷上说一不二的蔡京，家中的下人们却敢如此怠慢，未见马上捧来香炉燃香呢？正想着，只听丫环上前禀告：『香已满。』蔡京立马吩咐：『放。』但见众丫环把窗帘卷起，一股香气如云雾般飘来，顿时濛濛满室，主客衣服皆沾香。蔡京得意地介绍说：『香要像我这样燃，可称作无烟之气。』蔡京的焚香手段，须使数十个香炉同时燃香，耗用珍贵香料数十两之多，权相有官场的生财之道，自能如此挥霍。

曝衣熏香

《杜阳杂编》介绍了这样一件有意思的用香故事：『元载妻韫秀安置闲院，忽因天晴之景，以青紫丝绦四十条，各长三十丈，皆施罗纨绮绣之服，每条绦下排金银炉二十枚，皆焚异香，香至其服，乃命诸亲戚西院闲步，韫秀问是何物？侍婢对曰：「今日相公与夫人晒曝衣服。」』尽管计算起来，故事中所用各种金银香炉有八百个，不免有些夸张。但可见喜爱香事之人，平日也会热衷于香具、香料的收集。

皇室曝衣熏香

据赵明明、刘去业所著《识香·沉香探索》一书介绍，《汉宫仪》中规定大臣上朝前须熏香朝服，佩香进殿。后宫设有熏衣专用的曝衣楼，宫女通宵为皇室熏香衣服被褥。古宫词云：

「西风太液月如钩，不住添香摺翠裘，烧尽两行红蜡烛，一宵人在曝衣楼。」

画面描绘的是宫女们辛苦忙碌的工作情景，在如此繁重的体力劳作中，尽管屋内异香浮动，但她们恐也无暇品味。正如古诗所云：「入芝兰之室，久而不闻其香。」

青白瓷莲花炉

宋代杨万里《烧香七言》云：

『琢瓷作鼎碧于水，削银为叶轻似纸，不文不武火力匀，闭阁下帘风不起。诗人自炷古龙涎，但令有香不见烟，素馨忽开茉莉折，低处龙麝和沉檀。平生饱食山林味，不奈此香殊妩媚。呼儿急取蒸木犀，却作书生真富贵。』

据宋代张邦基《墨庄漫录》记载，蒸木樨是『花半开香正浓时就枝头采撷取之，以女贞树子俗称冬青者，捣裂其汁，微用拌其花，入有釉磁瓶中，以厚纸幂之，至无花时，于密室中取置盘中，其香褭褭中人如秋开时』。所以，即使古龙涎价位再高，无非是买来用罢了，而经过自己精心收集、制作、贮存的人无我有的个性化香品的赏用，当然可称为『真富贵』了。

与画中香炉相似者，为福建沙县出土宋代青白釉莲花炉。

石崇炫富熏香

《晋书·刘寔传》记载了这样一件事：东晋石崇是有了名的炫富者，有一次，尚书郎刘寔到石崇家拜访，突然想去方便一下，打听明白方位后，便起身奔去。不想找到本应是茅厕的地方，却『见有绛纹帐，裀褥甚丽，两婢持香囊』，惊得刘寔半刻也不敢停留，提着衣服就跑了回来，倒引得两个小丫环不知所措。刘寔十分抱歉地对石崇说：『刚才走错了地方，差点进了您的内宅。』石崇回答说：『你没走错，那就是厕所。』一直崇尚节俭的刘寔深有感触地说：『贫士未尝得此。』

该书中《王敦传》对于石崇家豪华厕所的内部情况记载更详细：『厕上常有十余婢侍列，皆有容色，置甲煎粉、沉香汁，有如厕者，皆易新衣而出。』照此看来，败家误国之人非贪必奢。

麟带压愁香

宋代清客吴文英承周邦彦词风，名噪一时，所作《珍珠帘「春日客龟溪，过贵人家，隔墙闻箫鼓声，疑是按舞，伫立久之」》有：『蜜沉烬暖萸烟袅。层帘卷、伫立行人官道。麟带压愁香，听舞箫云渺。』

试想一介白丁，在春日久久呆站在行道上，听着深宅中传出的欢快歌舞之音，闻着高墙内飘出的沉香的高雅香气，想象着那浓浓的沉香甚至将大厅之内高官们的腰带都熏香了，这么大量地使用价格不菲的天香要耗去多少金银啊。而词人孤独而贫穷，逐渐老去，当是何等心情。

香熏书籍

明代上海人陈继儒特别喜欢藏书，他说：『余每欲藏万卷异书，袭以异锦，熏以异香。』即使住土墙茅草房，终生为贫士，也在所不计。有客人笑着说，除去你说的三异外，我再给你加上一个异，你就是天底下的一个异人。过去文人藏书、爱书，有曝书防虫蛀的习惯，至于以香熏书者则十分少见。

焚香

宋代郑刚中所作《焚香》诗云：

「五月黄梅烂，书润幽斋湿。柏子探枯花，松脂得明粒。覆火纸灰深，古鼎孤烟立。悠然便假寐，万虑无相及。不知此何参，透顶众妙入。静处动始定，惟虚道乃集。心清杜老句，高韵不容袭。馀馨梦中残，密雨窗前急。」

焚香也并非只是一种心理诉求，还有不少物理功效，比如该诗所示，焚香可以在梅雨天除湿去潮，更重要的是教给读书人保护书籍的一种有效措施。

描写睡眠与焚香的词还有宋代周紫芝所作《北湖暮春七首》中「梦断午窗花影转，小炉犹有睡时烟」之句。

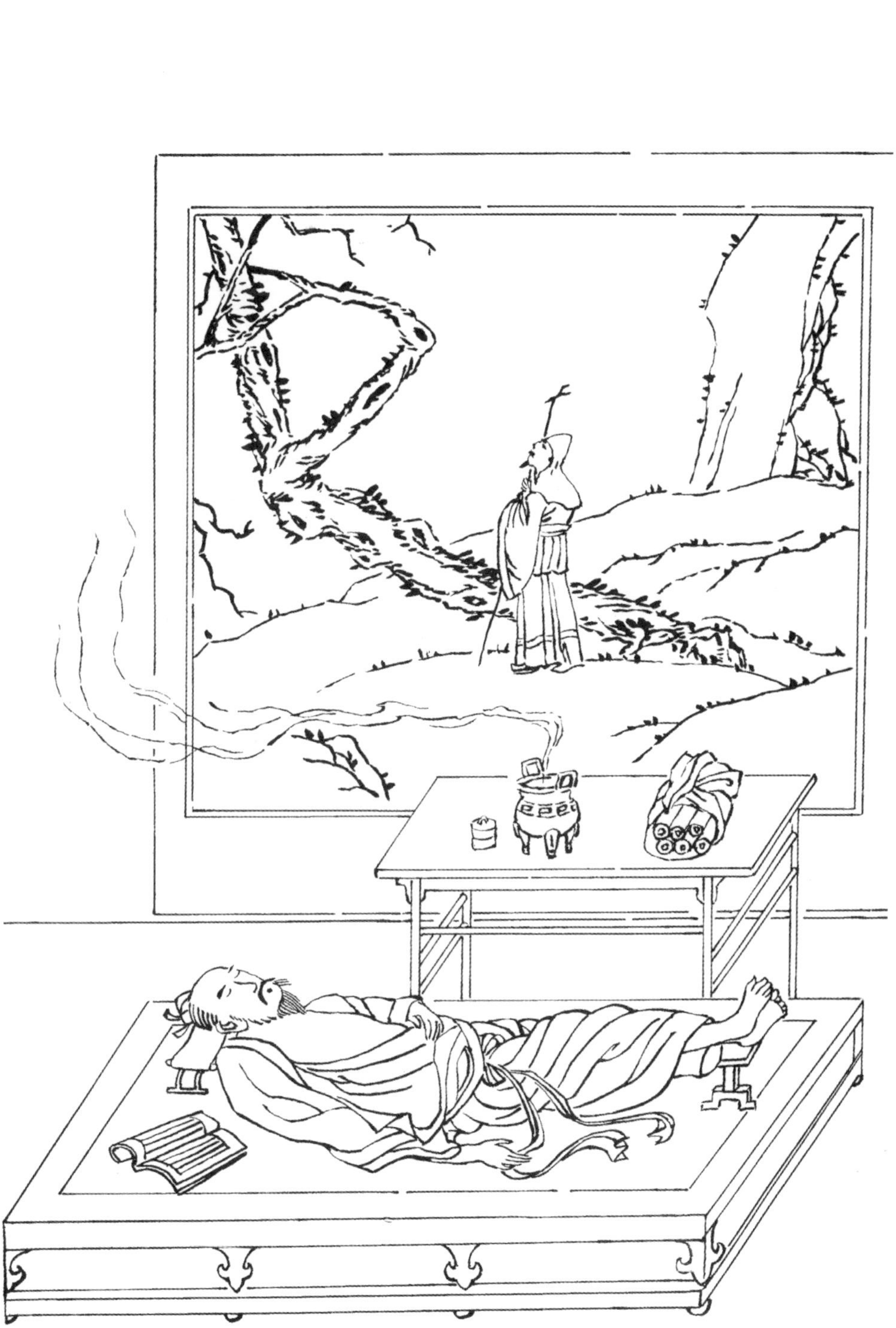

被褥熏香

宋代有位词人李石，官至太学博士，其所作《临江仙·佳人》有云：『烟柳疏疏人悄悄，画楼风外吹笙。倚栏闻唤小红声，熏香临欲睡，玉漏已三更。』

词中提道主妇深夜睡前吩咐贴身侍女把被褥熏香，以备入眠。看来古代妇人对生活十分讲究，故而画面描绘为主妇已是浴后的装扮，让她的生活要求再高一层，而不是倚栏吹笙后立马就睡去。艺术总要高于生活。

画中人物形象参照了《杨贵妃入浴图》笔意。

鹅形三足炉

唐人柳宗元，山西运城县人，进士出身，官至监察御史里行，后贬为柳州刺史，人称柳柳州。韩愈，河南人，进士出身，官至刑部、吏部侍郎，其间曾被贬为潮州刺史，为唐宋八大家之首，与柳宗元并称『韩柳』。两人相似之处很多：都是从事过公检法的高官，都被贬官去当过刺史，都是德宗朝贞元年进士及第，都倡导过古文运动。柳宗元的一生很短暂，二十六岁入仕，四十七岁病故，其间不断被贬官流放便有十四年之多。二人相互间没有文人相轻之嫌隙，特别是柳宗元对韩愈更为尊重。

据记载，柳宗元每当收到韩愈寄送来的诗稿书信，不是随便打开就看，而是先以蔷薇露洗手，然后燃点玉蕤香，一切就绪后，才展卷而读。他称这种做法不足为奇，『大雅之文正当如是』。至于蔷薇露，宋人有诗云：『唯有蔷薇水，衣襟四时熏。』蔷薇露本是一种进口香水，以蔷薇花瓣进行提纯制作成的奢侈品。

画面所描绘的香炉，为唐代白釉鹅形三足炉，河北省内丘县文管所藏品。

南唐韩熙载本人的形象与日常举止，因一卷由画家顾闳中所绘的《韩熙载夜宴图》而使后人知晓。

花宜香

韩氏时为中书舍人，『以贵游世胄，多好声妓，专为夜饮，虽宾客杂糅，欢呼狂逸，不复拘制，李氏惜其才，置而不问，声传中外，颇闻其荒纵，然欲见樽俎间觥筹交错之态度不可得，乃命闳中夜至其第窃窥之，目识心记』，图绘而成。此种手段实际上就如现在的实况录相一般。

画面中韩熙载头上的高帽也是他本人的设计专利，据《南唐书拾遗》称，韩熙载在江南，造轻纱帽，谓为『韩君轻格』。韩熙载对香事也有自己的见解，他提出『花宜香』的理论，就是对着什么花适宜燃什么样的香，『风味相和，其妙不可言』。他编排为：木犀花宜燃龙脑香；酴醾宜燃沉水香；兰花宜燃四绝香；含笑宜燃麝香；薝蔔宜燃檀香。

焚香供梅

清代著名文人张潮著有一部清言小品《幽梦影》。后又有清人朱锡绶，举人出身，官至知县，著作名曰《幽梦续影》。书中涉及与焚香有关的讲究：『冬室密，宜焚香；夏室敞，宜垂帘。焚香宜供梅，垂帘宜供兰。』文后有云：『焚香供梅，宜读陶诗。垂帘供兰，宜读楚些［指楚辞类］。』

画面呈现一清代官吏冬日在书房内焚香供梅的情景，官场的严肃使其在自己家中也如是拘紧，只有香烟带来一丝活气。

与画中所示香炉近似的有佳士得拍品清代乾隆掐丝珐琅缠枝莲纹三足盖炉。画中桌上摆放有长方形瓷制镂空香熏。

焚香告天图

仿任伯年所绘《焚香告天图》笔意。任伯年，杭州人，清末海上画派重要代表人物，是中国近现代美术史上最有影响的美术家之一。徐悲鸿评价说：『仇十洲之后，中国画家第一人。』由于他借鉴了西方绘画的造型手段，在人物的塑造方面更为准确、写实。尽管他在人物衣纹处理上笔法夸张、极具个人艺术风格，但他所描绘的焚香动作，一定是还原了生活的真实。

在原作中，古鼎香灰中放置的既不是香饼也不是香丸，而像是直插的极细的短小香条，香盒里放置的香料形状同样是呈细长条状，且人物右手手指亦做取条状物的典型动作。任伯年的这幅《焚香告天图》为我们再现了清代燃香的一种手法，具有十分珍贵的史料价值。

铜洒金桃形香炉

过去民间常说一袋烟工夫或一炷香工夫，表明线香具有计时功能［也包括篆香］。《红楼梦》真不愧为百科全书，在第七十回《林黛玉重建桃花社 史湘云偶填柳絮词》中也描述了燃香计时的故事。

且说湘云与黛玉商量着现在就找人起社填词，决定以『柳絮』为题，将限调写在纸条上粘于墙上。众人凑齐后开始填词时，宝钗炷了一支『梦甜香』。很快黛玉、宝琴已填好词，探春着了急说：『今儿这香怎么这么快！我才有了半首。』宝玉嫌自己写的不理想，又都涂了想另填一首新词，回头一看，香已烧完了，李纨等笑着说：『宝玉又输了！』宝玉见香已燃尽到时，情愿认输，便把笔搁下。读了探春写完的半首，反倒来了兴趣，提笔续了下半首。

与画面所示香炉相似者，传世有清代铜洒金桃形香炉。

线香

明代陈继儒所著《岩栖幽事》之二十四记有苏东坡被流放时，在答程天侔信中说道：『此间食无肉，病无药，居无室，出无友，冬无炭，夏无寒泉。』总之就是什么全没有，条件极差。陈继儒说现在自己『拥山居，公所无者尽有之，不省何德而享此，唯日拈一瓣香，向古佛罪耳』。

线香出现的时间，据学者研究为元代，亦有记载为明代。线香大大方便了使用者，正如古人诗中所说：『轩窗几席随宜用，不待高擎鹊尾炉。』李时珍《本草纲目》卷十四有『线香』条，称线香是将榆皮面混合香末，以压榨工具而『成条如线』或制成盘香。

画面仿《晚笑堂画传》笔意。

唐代王昌龄，今陕西西安人，开元进士出身，官职不高，后被刺史闾丘晓所杀。其诗擅长七绝，《长信秋词五首》为描写宫怨之作，其一为：

『金井梧桐秋叶黄，珠帘不卷夜来霜。熏笼玉枕无颜色，卧听南宫清漏长。』

熏笼

熏笼为汉晋时通用名称，也称笼篝，为细竹篾编制而成，其内放置香炉，其上摆放衣服用以熏香。

博山微透暖熏炉

宋词大家辛弃疾，山东人，官至湖北等地安抚使。因主战抗金，多次被主和派罢官，后抑郁而死。他的词作大多慷慨悲壮，然也不乏婉约之作。其《临江仙》即是一首以描写少妇怨春怀人为主题的词作，词云：『金谷无烟宫树绿，嫩寒生怕春风。博山微透暖熏笼。小楼春色里，幽梦雨声中。』

在无声的春雨之夜，年轻的妇人感到一丝丝寒意。相伴自己的只有博山炉中那飘荡却看不到的沉香香气，知己从去年分别后，就没有书信寄来，衣服已常常放在熏笼上熏香，却不知期盼的人何时再来。

画中描绘了一个塑有飞鸟的博山炉，然而，罩在竹制熏笼中的那只小鸟，也似乎失去了生活的乐趣，变得象女主人一样寂寞难奈。

龙涎香熏

宋人李昂英，广州人，进士出身，官至龙图阁待制，其所作《兰陵王》云：『燕穿幕，春在深深院落。单衣试，龙沫旋熏，又怕东风晓寒薄。别来情绪恶，瘦得腰围柳弱。』春天来了，用龙涎香熏好单衣，以备脱去冬装后穿用。宋人胡宿《侯家》诗也有『沉水熏衣白璧堂』之句，这一点与少数现代女性爱好有所不同，现代女性冬天也穿着单薄，社会上称所谓美丽『冻』人。画中古代仕女却是想到如果换上春装，寒潮来了可怎么好，这正是词赋描写细腻入微之处。不过，也有让现代女性感兴趣的，那就是消瘦到了杨柳细腰。

熏笼

唐代大诗人白居易，原籍山西，贞元进士出身，历任秘书省校书郎、左拾遗、左赞善大夫，贬官为杭州刺史、苏州刺史，后官至刑部尚书，其所作《后宫词》云：

『泪湿罗巾梦不成，夜深前殿按歌声。红颜未老恩先断，斜倚熏笼坐到明。』

熏笼是为熏香衣被而设计的室内日常用具，战国以来多用竹篾编制，也有表面饰以彩绘的。唐代多为腰鼓式，增加了坐具的功能。熏笼内另置香炉，以供熏衣。

腰鼓式熏笼

画中仕女者所坐的是兼有坐墩及熏香功能的熏笼。据有关资料介绍，马王堆汉墓曾出土一件被称为竹熏笼的珍贵文物，『以竹蔑编成，外蒙细绢』。在唐代，这种熏笼以竹编制，呈腰鼓式。明清时期演变成石材、陶瓷制的坐具，称为绣墩或凉墩。

熏笼内烧暖水

《西厢记》第四出《闹斋》中，张君瑞月夜扒墙头见到美貌动人的崔莺莺祝香后，第二天像得了魔症，到了月亮升起的时候，又准备跑出去扒墙头饱看崔家小姐容貌，不想老和尚走来，非逼着他连连下棋不止。好容易捱到老和尚回禅房睡觉去了，赶紧跑出房门，扒上墙头，不觉心中一凉：只见香案上空烧着三炷香，不见美人影儿。虽心中十分懊恼，还自我安慰地说：明晚再早点来看。于是回到房中，打开衣箱，找出一套满意的衣衫穿戴起来。请读者注意以下动作，书中写道：『又把熏笼里头炖着的热水倒出来，重复再梳洗一回，拿镜子从上到下看不出半点毛病，心里自是快活。』于是不准备躺下睡觉，一直坐等到明天的月夜，以便不耽误看到崔小姐的倩影。

青年人的冲动不难理解，但『熏笼里炖着的热水』是怎么回事呢？原来在熏衣竹笼里燃香的香炉旁，另备有火炉烧着一锅不断冒着热气的开水。有古代文献介绍说：『凡熏香先着汤［即开水］于盘中，使衣有润气，即烧香烟着殴而不散』。水蒸气与香气合而为一，便可使香气更长久附着在衣服上。古代人们都知道这个方法，所以有『频添绕炉水，还与试香方』之句及『炉旁着火暖水，即香不散』之说。

金猊铜炉

宋人李清照的父亲是『苏门后四学士』之一的李格非，母亲王氏亦出身于宰相家族。她先生赵明诚的父亲赵挺之也是一位宰相，因此，两人都受到良好的文化教育，婚后生活美满和谐。赵明诚公余潜心研究学问，夫妇二人共同留有传世著作《金石录》。李清照所作《凤凰台上忆吹箫》有云：

『香冷金猊，被翻红浪，起来慵自梳头。任宝奁尘满，日上帘钩。生怕离怀别苦，多少事、欲说还休。新来瘦，非干病酒，不是悲秋。

休休，这回去也，千万遍阳关，也则难留。念武陵人远，烟锁秦楼。惟有楼前流水，应念我、终日凝眸。凝眸处，从今又添，一段新愁。』

夫妻分别难述衷肠，思念之情跃然纸上。词中金猊指以古代传说中『形如狮、喜如烟好坐』的龙子狻猊为造型的铜香炉。据记载，古代曾有大的金猊熏炉，高三尺六寸，重一百二十斤。既然二人对金石研究都有很深的兴趣，家中包括香具在内的收藏品也必然十分珍贵。

瑞兽炉

唐代岑参，河南人，天宝进士出身，官至嘉州刺史，曾任肃宗朝右补阙；杜甫，时任左拾遗，人称杜拾遗。所谓拾遗补阙都是谏官。二人同朝共事时，岑参曾作《寄左省杜拾遗》一诗，自嘲谏官之职的形同虚设。诗云：

『联步趋丹陛，分曹限紫微。晓随天仗入，暮惹御香归。白发悲花落，青云羡鸟飞。圣朝无阙事，自觉谏书稀。』

杜甫得诗后，自然懂得这位同僚的真意，故奉答道：『故人得佳句，独赠白头翁。』

如果皇帝读过此诗，不仅挑不出大毛病，还会真以为自己是圣明天子，天下承平。如画中所描绘的：一方面出香瑞兽表现了皇朝的富足与威严，一方面对比大臣们俯首贴耳、言不由衷的举止。当然封建王朝中不甘为五斗米折腰的官吏也不是没有的。

与画中所示瑞兽香熏相似的有后世所制鎏金瑞兽香熏，体形大小又当别论。

兽炉熏香

宋词婉约派代表、格律派领袖周邦彦所作《少年游》词云：

『并刀如水，吴盐胜雪，纤手破新橙。锦幄初温，兽烟不断，相对坐调笙。低声问：向谁行宿？城上已三更。马滑霜浓，不如休去，直是少人行。』

这首词十分有名，一则因其运用写生技巧，生动描写了在寂静的三更之夜，窗外寒冷霜重，屋内却因燃着沉香，温度与人心一样暖意浓浓。更主要的是此词的背景，描写的是名妓李师师与周邦彦正在相会，恰巧皇帝宋徽宗也在此时来访，闹出了周邦彦躲到床下偷听的不体面之事。周作此阙《少年游》后，李师师竟然唱给皇帝听，徽宗大怒将周邦彦流放。后来徽宗又私会李师师时，听到了她为周邦彦送行时周彦邦作的《兰陵王》一词，十分欣赏，遂召回周邦彦，并任命他为大晟东正一职。

《新刻绣像批评金瓶梅》卷五之开篇词所引用的正是此词。

金猊香炉

元曲作者钟嗣成所作《骂玉郎带过感皇恩采茶歌·恨别》中有：『香冷金猊，烛暗罗帏。支刺地搅断离肠，扑速地淹残泪眼，吃答地锁定愁眉。』曲中运用很多象声词，十分通俗，描写新妇对丈夫的相思之情。

金猊是古人依传说中的一种狮形猛兽形象以金属制造的香炉。

画面风格取日本藏《花营锦阵》插图笔意。

甪端熏炉

元曲清丽派代表人物张可久作《正宫·塞鸿秋·春情》：

『疏星淡月秋千院，愁云恨雨芙蓉面。伤情燕足留红残，恼人鸾影闭团扇。兽炉沉水烟，翠沼残花片。一行写入相思传。』

所谓兽炉，大体有狮子的形体，多数为狻猊、甪端这类神兽。

瑞兽熏炉

宋代女词人李清照所作《醉花阴》：

『薄雾浓云愁永昼，瑞脑销金兽。佳节又重阳，玉枕纱橱，半夜凉初透。东篱把酒黄昏后，有暗香盈袖。莫道不销魂，帘卷西风，人比黄花瘦。』

这是她一首著名的词作，『莫道不销魂，帘卷西风，人比黄花瘦』也是尽人皆知的名句。后人还就此演绎了一段故事：李清照才思高过老公赵明诚，男人自然有些许不甘心，当他见到夫人这首词作后，想与她一较高下，就闭门谢客三日，苦苦做了五十首词，然后连同李清照的这一首一起交给词友评价，结果人家说，五十一首词中，只三句绝佳，即李清照词的最后三句。赵明诚只得自叹不如。

瑞兽熏炉

此画仿宋代李公麟《维摩演教图》人物笔意。

维摩诘有一天女，见众人在听讲佛法，便现身将许多天花散落在这些菩萨、大弟子身上，花朵都从菩萨身上滑落到地上，只有大弟子身上沾满鲜花，大弟子们使出各种神通想让花落下而不成，天女便问：『你为什么想将花除去呢？』大弟子答：『出家人不能带花，带花犯戒。』天女说：『是你自己有分别心啊。菩萨们没有分别心，所以花不沾身，你有畏惧心理，所以天花会沾在你身上啊。』

画中大弟子身旁精美的香几上安置有莲花形炉座，放在其上的为一瑞兽香熏，瑞兽身体中空，口中冒出香烟，谓之出香。

青白釉瓷香鸭

五代词人李珣《中兴乐》云：『后庭寂寂日初长，翩翩蝶舞红芳。绣帘垂地，金鸭无香。谁知春思如狂，忆萧郎。等闲一去，程遥信断，五岭三湘。』在如此诱人的春日美景中，女主人因丈夫不在身边而提不起兴致，甚至平日喜爱的燃香香具也懒得去摆弄了。

画中所示鸭形香炉在美国芝加哥美术馆有藏，为宋代青白釉瓷香鸭。日本出光美术馆也藏有一件明代嵌金银铜香鸭。国内景德镇出土过一件明代三彩香鸭。电视节目《鉴宝》中也曾出现过一件民间收藏的三彩香鸭。

香鸭炉

宋代擅画梅花而不愿做官的隐士杨无咎，作有《齐天乐》，词云：『睽离鳞雁顿阻，似闻频念我，愁绪无限。瑞鸭香销，铜壶漏永，谁惜无眠展转。』

古人似乎很喜欢鸭子，也许因其对人有益无害吧，常把鸭子写入诗词中，例如尽人皆知的『春江水暖鸭先知』。以鸭子造型进军香具界是了不起的设计理念，人们因喜爱便产生购买欲，商人就可积累起财富。摆在香案上审美心理就得到满足，诗人有了歌咏审美的客体，插图家也有了可描绘的生动艺术形象［例如明清小说插图中，在女主人的卧室床帐一侧香几上，多画有香鸭］。所谓皆大欢喜。

青铜香鸭炉

宋人周瑞臣所作《青铜香鸭诗》云：

『谁把工夫巧铸成，铜青依绿绿毛轻。自归骚客文房后，无复王孙金弹惊。沙觜莫追芦苇暖，灰心聊吐蕙兰清。回头却笑江湖伴，多少遭烹为不鸣。』

全诗倒有几许动物保护的意识。以铜造水禽形象为香炉样式的做法最早见于汉代，出土传世品多为铜雁炉。雁鸭之分在于雁的翎毛更为显著，这一点一般在铜雁的头部有所表现。

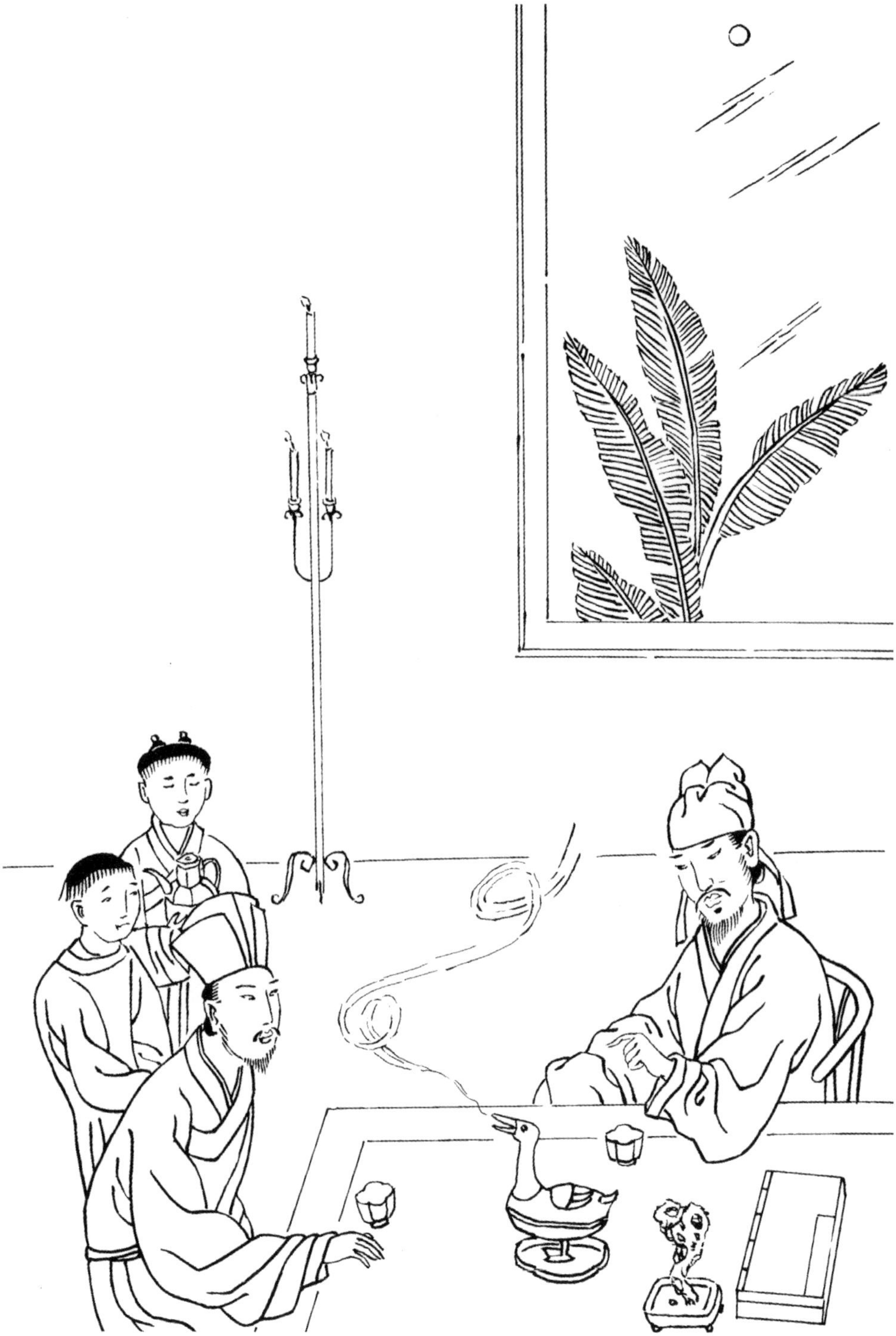

宝鸭香熏

宋代有一位女词人朱淑真嫁人后因夫妻志趣不合、情感不睦，抑郁早逝。其词大多幽怨感伤，其中酒后词作《阿那曲》云：

『梦回酒醒春愁怯，宝鸭烟销香未歇。薄衾无奈五更寒，杜鹃叫落西楼月。』

现代女性也有爱喝小酒的，也有婚姻不美满的，或可参照此词研究一下香道。所谓『烟销香未歇』是否为焚香的更高境界？亦如杨万里《烧香七言》所云，『诗人自炷古龙涎，但令有香不见烟』。

宝鸭香熏

宋人洪咨夔，进士出身，官至端明殿学士，所作《眼儿媚》词云：『绮窗深静人归晚，金鸭水沉温。海棠影下，子规声里，立尽黄昏。』

在一本宋词注析的书中，对『金鸭水沉温』句解释为『点起几支香烛，插在做成鸭子形状的香炉里』，这里有可商榷之处，一般铜制香鸭的身体部分可上下开合，以供焚香。出香处为鸭嘴，背部有孔，多为进气出烟之用。所以在鸭背上插沉水制的线香似极为难见，也无法解释那铜鸭的『温』度问题。另外，据有关研究资料介绍，线香出现的时期应为元代。

香鸭炉

宋代著名女词人李清照所作《浣溪沙》词有云：

『绣面芙蓉一笑开，斜飞宝鸭衬香腮，眼波才动被人猜。

一面风情深有韵，半笺娇恨寄幽怀，月移花影约重来。』

此词将女子与心上人相约再会时的娇痴形态刻画得十分细腻，这可能与作者年轻时的生活有关。她生长在优渥富足的士大夫家庭，又是个年少成名的知识女性，性格自然更为灵动活泼、我行我素，愈显妩媚动人。

香鸭本无生命，然而当那些满怀心事的女子，或爱或恨或悲或怨或嗔或喜时，香鸭便会成为她们抒发感情的载体和寄托。

睡鸭香炉

宋代词人贺铸《薄倖》云：「记画堂、风月逢迎，轻颦浅笑娇无奈。向睡鸭炉边，翔鸳屏里，羞把香罗暗解。自过了烧灯后，都不见踏青挑菜。」词中主人公结识了一名女子，感觉像做了一场梦。然而元宵节后，该女子却消失得无影无踪。不论自己在原来踏青时遇到她的地方如何寻觅，依然没有找到。

以鸭子造型制作香炉多见于唐、宋两朝，有别于汉代的大雁形香炉。唐、宋诗词中常见有相关描述，如「深帏金鸭冷」「睡鸭香炉换夕熏」「沉麝不烧金鸭冷」「巴童来按鸭炉灰」「却爱熏香小鸭」「烟销寒宝鸭」「下帷睡鸭春闲」等句。

香毬

所谓香毬，『烧香圆器也，巧智机关，转而不倾，令内常平』。这种用金属材料制成的香炉，外壳分开后呈两个半圆，皆有镂空纹饰以散香气。毬内有两个相套的可以转动的同心圆环，由两个轴承相连，内环与可盛放烧香料的小圆钵之间，亦用两处轴承连接。外壳两半圆相扣锁后，不论人们如何动作，其内盛放燃香的半圆钵均可保持平衡状态。这种古代实用品可视为符合现代设计思路的工业产品。堪称唐代精美工艺品的代表作之一。

历代遗存至今的香毬规格不一，小的直径不足五厘米，而大的直径则达十六厘米。

唐代诗人元稹，河南人，曾任监察御史、同中书门下平章事、武昌军节度使。与白居易友善，常相互唱和，世称『元白』，其所作《香毬》诗云：

『顺俗唯团转，居中莫动摇，爱君心不恻，犹讶火长烧。』

香毬

白居易有诗云：『香毬趁拍回环匼，花盏抛巡取次飞。』字面上可理解为宴会上的一种游乐方式，类似民间的击鼓传花，以香毬在游戏的人们手中相传。可见唐代宫人香毬不离手，可时时把玩。有专家研究认为，《西京杂记》可能为晋人葛洪所作，书中有：『长安巧工丁缓者，……又作卧褥香垆，一名被中香垆。本出房风，其法后绝，至缓始更为之。为机环转运四周，而垆体常平，可置之被褥，故以为名。』其构造与唐代多见的香毬相同，应为香毬之源流。

香毬

《老学庵笔记》载：『京师承平时，宗室戚里岁时入禁中，妇女上犊车，皆用二小鬟持香毬在旁，而袖中又自持两小香毬，车驰过，香烟如云，数里不绝，尘土皆香。』

画中表现的是贵妇下车后闲坐宫中的状态，依然是香烟袅袅，香气袭人。

熏被银香毬

明代小说《金瓶梅》第二十一回中，描述了潘金莲一大早便与孟玉楼一起来找李瓶儿说事：『李瓶儿还睡着在床上。迎春说：「三娘，五娘来了。」玉楼、金莲进来，说道：「李大姐，好自在！这咱时懒龙才伸腰儿。」金莲就舒进手去被窝里，摸见熏被的银香毬儿，道：「李大姐生了蛋了。」』

作者描写潘金莲摸出来一只银制香毬，一来道出香毬熏衣被的功能，二来显示西门庆生活的富足排场。此外，生蛋意指生儿子，在封建社会是妻妾们维护和争取自身利益的一个手段。对于读者来说，也是香毬在明代仍被使用着的佐证。

香毬

此画仿明代陈洪绶《归去来图》笔意。

东晋大诗人陶渊明在经历作官还是归田的三年徘徊之后，终于回归田园，『久在樊笼里，复得返自然』，不再为五斗米折腰，而是自食其力，下田躬耕。在别人眼里，他自由得出奇：喜抚无弦之琴；摘下头巾滤酒喝；久坐菊花丛中，手握大把黄花；好读书又不求甚解。那么明人在画中塑造陶渊明手持香毬信步漫游的艺术形象也就不足为怪了。

青白釉香毬

宋人郑觉斋作词《扬州慢》云：『弄玉轻盈，飞琼淡泞，袜尘步下迷楼。试新妆才了，炷沉水香毬。』这里所说香毬非指可熏被子的金属香毬，而是宋代的一种瓷制香炉，虽然炉体呈球形，但球体下有三足。香毬上半圆可打开，有镂空纹饰以供出香。宋人《戏作青瓷香毬歌》有『玉镂喷香如紫雾』之句。

实物有常州博物馆藏宋代越窑青瓷香毬、广东省博物馆藏宋代青白釉香毬、美国旧金山亚洲博物馆藏宋代青白釉香毬及河北易县辽墓出土的青白釉香毬、内蒙古敖汉旗白塔子辽墓出土的青白釉香毬。

青釉冠熏

此画取清代马涛《仕女图》笔意。

画面以一架老树、盛开的香菊衬托出一位妙龄少女的形象。竹制香几之上安放着一件别致的青瓷香毬，环境清雅宁静，有点现代女生挑选一处满意的环境拍照留影的味道。

与画面相似的香炉实物藏于上海博物馆，名为明代青釉瓷冠熏。另外，电视节目中曾出现过一个元代德化白瓷香炉，下为大小两层，有多边形底座，其上有半圆形镂空盖，据说此物与马可·波罗有关，为苏富比的拍品，成交价人民币二十万元。

越窑青釉炉

画取清代范雪仪《吮笔敲诗图》笔意。

吮笔的动作一般在画家作画时出现，如张大千就有《吮笔图》存世。文人写字时是否吮笔，恐为个人习惯。诗要写得空灵，静观香炉冒出变幻莫测的云烟，可能有助于灵感火花的闪现，吮笔也许是下意识的动作。

与画面中所描绘的香炉相似者，有常州市博物馆藏宋代越窑青釉炉、扬州文物商店藏宋代影青香熏。

莲花鹊尾炉

此画仿宋代《罗汉图》［局部］笔意，原作藏于日本。

画中的供养人手持莲花鹊尾炉，回首转向身后捧香盒的童子，取香丸以添香。细看其所持鹊尾炉，柄上并没有一体制作用于放置香丸的宝子，所以转身取香是很自然的事。可能那位罗汉说法时间过长，原先炉内所放香丸已经燃尽，需要再添新香。

莲花鹊尾炉

此画摹自山西朔州崇福寺殿金代壁画中释迦牟尼一旁的胁侍菩萨像。菩萨手执带宝子的莲花鹊尾炉，香炉中焚有一枚香丸。所谓宝子，就是容置香料的器皿，为了方便使用，人们将原本分别摆放的香炉和宝子设计成一体，实用的同时也增加了装饰功能。

手执鹊尾香炉

此画摹自五代陕西安西榆林窟壁画《曹义金行香像》。曹义金为当时敦煌一带实际上的统治者，他手执鹊尾香炉，燃有一枚香丸。宋代武宗元所绘《朝元仙仗图》中至灵太极玉女手执的香炉有此遗风。

敕歸義軍節度使檢校太師兼托西大王譙郡開國公曹議金一心供養

手执鹊尾香炉

此画摹自宋代《维摩演教图》中文殊菩萨身后的五位菩萨之一。这位菩萨盘腿端坐，手持鹊尾香炉，燃有一枚香丸。香炉形制恰与陕西安西榆林窟壁画《曹义金行香像》所示鹊尾香炉相似。

明代《钦定四库全书》中记有『《法苑珠林》云香炉有柄可执者曰鹊尾炉』；又『吴兴费崇先少信佛法，每听经常以鹊尾香炉置膝前』。

手执莲花炉

仿宋代画家李嵩所绘《罗汉图》笔意。原作藏于台湾故宫博物院。画中添香罗汉左手持莲花炉，右手持香匙添加香料。据杨之水所著《古诗文名物新证》一书介绍，『福建沙县大洛官昌村出土的南宋青白釉莲花炉，莲花托座上擎出算珠式柄，其上以仰莲托起七瓣花口的炉身』。与《罗汉图》中描绘的大体一致，是为物证。画面罗汉的动作由于似反手持香匙，有翻动香炉中炭灰以助香料更好燃烧之意。

手执香炉

仿唐代吴道子所绘《送子天王图》笔意。

玉女手持香炉，其上香烟缭绕。天上神仙用的物件，自然是人间所没有的，究竟是何种类别，人们亦不必为此去钻牛角尖。那么，神仙们用的香料当然也是绝无仅有的。如果有人非想闻一下这种天香的味道，不妨请君阅读一下《红楼梦》第五回中贾宝玉神游太虚境一节。书中写到的宝玉先后闻到两种香味：一种是刚进秦可卿卧房，「便有一股细细的甜香」，宝玉此时便觉眼睛像被蜜糖粘住一样，睁不开眼，身上也酥软了，连说：「好香。」这是人间的异香。在宝玉梦游仙境，警幻仙姑带他参观时，宝玉又「闻一缕幽香，不知所闻何物」。此时警幻仙姑表现出一种高傲的神态，冷笑一声说：「此香乃尘世所无，……系诸名山胜境初生异卉之精，合各种宝林珠树之油所制，名为「群芳髓」。」书是人写的，仙境是虚构的。艺术创作离不开现实物质生活的基础，所以，神仙制香的手段，其实就是按照人们合香的办法炮制的。

合香之法，不外乎调合众香，以激发其特质的显露。《陈代香谱》言：「麝滋而散，挠之使匀。沉实而腴，碎之使和。檀坚而燥，揉之使腻。比其性，等其物，而高下如医者，则药使气味各不相掩。」

篆香炉

明代朱之蕃《印香盘》诗云：

『不听更漏向谯楼，自剖玄机贮案头。炉面匀铺香粉细，屏间时有篆烟浮。回环恍若周天象，节次同符五更筹。清梦觉来知候改，褰帷星火照吟眸。』

该诗点明篆香的计时功能。画中人物手执的叫做香匙，也称『锹』，形状多样，大小可人，是用来制成篆香的重要工具。盛篆香的炉以金属质、盘状为宜，清代遗存下来的有一件铸有乾隆御制香盘词的椭圆形铜香盘。该词云：

『竖可穷三界，横将遍十方。一微尘，法轮王，香参来，鼻观望。篆烟上，好结就卍字光。』

此画仿明代曾鲸所绘《王时敏小像》笔意。

篆香炉

宋代词人秦观，进士出身，官至秘书省正字兼国史编修，所作《减字木兰花》云：

『天涯旧恨，独自凄凉人不问。欲见回肠，断尽金炉小篆香。黛蛾长敛，任是昼风吹不展。困倚危楼，过尺飞鸿字字愁。』

秦观由于蒙受党争之祸，被贬逐荒野之地，该词所描述的是当时繁乱的心绪。画面所表现的即是这种身陷逆境、险象环生之中人物的精神状态。秦观最后还是没能改变人生的厄运，死于流放赦返的途中，时年只有五十一岁，正应是词人艺术创作的高峰期。

篆香也可称香篆，是用镂刻有一笔不断头字形或纹饰的专用模具，添入香末，压制后脱模而成，可燃点使用。

由于对模具雕刻的工艺要求较高，又出现了专门打制篆香模具的能工巧匠。

葫芦式印香炉

画中桌面上所置为一套清代流存下来的铜制葫芦式印香炉，实物现藏于南通博物苑。香炉是由一组构件组成，炉盖上镌空文字：『圆又不圆，方又不方，个中造化，规矩两忘。』颇有些禅意。画面绘一着清代服装的仕女，其哀怨的表情是她内心之事的表露。绘此画时，有意将香具比例加大，以便读者能更清楚地辨认这套香炉的构件。

该印香炉制作者为南通人丁月湖，此人有一定书画艺术水平，同时热衷于印香炉的设计与制作，使原来『粗陋不可供幽室』的印香炉『别开生面』，成为雅士们的精巧文玩。丁氏有『一生学问，尽寄图中』的《印香炉图谱》传世。

江苏文物商店的清代如意形白铜熏香炉就属于这类组装式的印香炉。

承尘上悬挂香囊

汉代画像砖中，讲学的经师头部上方，有时出现由横竖线组成的图案，却常为人们所忽视。沈从文研究认为，这种物件儿古人称为『承尘』。刘熙《释名》解释说：『承尘，施于「高榻」上，以承尘土也。』承尘往往涂以红色，如果三边加挂纺织品，则成斗帐。承尘四角经常悬挂香囊，既是一种装饰，又起到提神醒脑、净化环境的作用。实物可参见成都青杠坡出土汉代《讲学图》画像砖。

五色香囊

唐懿宗长女同昌公主所乘的交通工具十分讲究，称为七宝步辇。步辇四面缀有五色玉香囊，其中贮有辟寒香、辟邪香、瑞麟香和外国进贡的金凤香。辇上还装饰大量如玛瑙、水晶等珍贵材料镂刻的饰品及大量金丝流苏、珍珠缨络，一路香气飘溢。步辇按理应为几个人用手抬着走，并无上盖。但公主辇上装有如此众多饰品，且不说沉重，也总得有构件支撑，所以改画为平肩舆。

在公主府周边有一个酒店，有位宫中贵人来店饮酒，忽然问老板：屋内怎么有异香啊？另一位客人也说：我在宫中服务过，常闻到此异香，但不知现在异香从何而来？老板回答道：刚才有位为公主扛辇的人，到店里用在宫中穿过的锦衣换酒喝，应是他留下的异香。

锦香囊

《长生殿》第三十七出《尸解》中描写，因安禄山造反、杨国忠弄权，致使军心不稳，出现六军抗令不遵的危险，皇帝无奈，最后只得让杨贵妃『宛转蛾眉马前死』。杨贵妃被赐死后，魂灵变回原来天上的太真玉妃，腾空而去。剧本中写道：『我胸前有锦香囊一个，乃翠盘试舞之时，圣上所赐，不免解来留下便了。』有集句诗云：『销耗胸前结旧香，多情多感自难忘，蓬山此去无多路，天上人间两渺茫。』

香囊

《长生殿》第四十三出《改葬》中，因形势所迫，杨贵妃死后仅被草草掩埋，后来唐明皇让位做了太上皇，准备重新为杨贵妃安葬。用四百名女工挖开旧坟，却没有见到杨贵妃的遗体，只有一个香囊在坟内，唐明皇睹物思人大哭唱道：『这香囊乃当日妃子生辰，在长生殿上试舞《霓裳》，赐与她的。我那妃子呵，你如今却在何处也！』高力士过来劝道：『这香囊原是娘娘临终所佩，将来葬入新坟之内，也是一般了。』唐明皇让人将香囊裹以珠襦，盛以玉匣，依礼安葬。最后还唱道：『还忆取，深宵残醉余，梦酣春透勾人觑。今日里空伴香囊留恨俱。号呼，叫声声魂在无？欷歔哭哀哀泪渐枯。』

画中描绘宋代两位妇女正在展示各自所携香具，一较高下。一种是金属香毬，用铜、铁、金、银等材料制作，自然贵重。存世的有明代掐丝珐琅香毬和清代康熙年制的西番莲纹蓝地珐琅香毬及陕西出土的多件唐代贵金属香毬制品。

香囊

在人们印象中，香囊似乎都是绣花的小布包而已，其实也有用珍贵材料制作的。例如与画面所示香囊相似的就有福建福州宋代黄升墓出土的银香囊，呈心形扁盒状，两面用银丝焊结花纹，全长七厘米。

台湾故宫博物院还藏有清代白玉香囊，直径不足六厘米。外形呈扁圆，镂有精细菊花双雀纹；清代碧玉透花荷叶香囊，全长只有八厘米，外形呈瓜形，由瓜身、瓜叶、双柱纽及珊瑚珠四件合成，镂有精细荷花等植物纹，设计独到；清代镀金葫芦式香囊，全长只有九厘米，葫芦的下半部分为囊身，呈荷包形，葫芦上半部分为盖，形状犹如如意头，整体镂空纹饰并镀金，可谓华美高贵。北京昌平明代定陵也出土了两件金香囊，均呈桃形，两面镂刻双龙戏珠等纹饰，纹饰间有孔以发香气，囊身镶嵌红、蓝宝石及珍珠；又江西明代墓葬出土与北京定陵相类似的金香囊，却镂有飞凤纹饰。可见香毬与香囊并无高下之分，只是各人爱好不同。

香囊

宋人秦观，进士出身，所作《满庭芳》云：『销魂，当此际，香囊暗解，罗带轻分。漫赢得、青楼薄幸名存。此去何时见也，襟袖上，空惹啼痕。伤情处，高城望断，灯火已黄昏。』填此词时秦观已三十一岁，不幸再次名落孙山，还是一个白丁。自认才高八斗，却未遇伯乐，心情十分烦闷。前途未卜，又与相识的风尘女子辞别，真是雪上加霜，情绪低落到极点。不过，此词一经流布，人见人爱，到处有人传唱，甚至苏东坡读到后也拍案叫绝，称秦观：『山抹微云君』，［『山抹微云』为本词起首第一句］。

与画面中相类似的香熏有湖南桂阳刘家岭宋代墓葬出土的陶熏。

香囊

明代著名小说家凌濛初所著《二刻拍案惊奇》一书中有这样一个故事：有个年轻人因到外地投亲不遇，身无分文又被连日大雪困在一家小客店内，饥饿难忍放声大哭。幸得一位喜欢济困的富庄主相助，不仅有了免费的饭食，还被邀请至其家中安置居住。没想到他却瞒着庄主与其女儿私定终身。直到庄主发现这个年轻人贴身穿着女儿的红花衣服，腰里系着女儿绣的一个交颈鸳鸯香囊时，才知道真相，后悔已晚，只好将女儿嫁给这个落魄青年。后来年轻人进京应举登第，原本美好的生活却随之终结。年轻人的一个叔叔是个高官，出于好意替他作主准备娶另一个高官的女儿为妻。此时，这个年轻人忘掉丈人一家的救命之恩，看不起低微的市井人家，认为还是娶名门旺族之女对自己发展会更有利。与高官之女结婚后，他还是把自己曾与庄户之女结过婚的事略说给新婚夫人听。并当着她的面，把那件红花内衣及香囊一把火烧了，以示与前情了断。夫人听过倒也大度，说：『此前之事我也不挂在心上，你现在富贵了，可以接来同住过日。』很快十几年光阴过去，年轻人升官，一家人到了新的职所，巧遇生活贫困且父亲病故的结发之妻，经夫人同意也搬来一起生活。几天后，年轻人夜晚走进前妻室内，但直至第二天太阳已高升多时仍不见出屋，夫人派人去叫，结果发现他早已死去，原住此屋的前妻踪迹全无。

当然，故事是劝人从善的，不要坏了良心。不过仅从故事情节来看，是用了一个香囊做为线索前后穿插，借以描写一个负心人情变的过程。

香囊

古代香囊形式多样，想是古人们花费了不少脑筋设计。内蒙古黑城元代遗址出土一件以丝绢缝制的呈葫芦形的香囊，其下缀有蓝白两色丝绦编成的花穗，花穗长度相当于香囊高度的两倍，全长达二六·五厘米，可谓非比寻『长』。元曲《玉壶春》有句云：『我得了这沉香串、翠珠囊，你收取这玉螳螂、白罗扇。』

福建福州南宋黄升墓也出土有一件彩绣鸳鸯纹香囊，用素罗、平纹纱缝制。正面绣鸳鸯一对，上下以莲花、荷叶相衬，沿口用双股褐色丝线编成花穗，穗长仅六·七厘米。

唐代陆龟蒙所作《邺宫词》：『可知遗令非前事，却有馀熏在绣囊。』所以香囊也称『熏囊』。湖南长沙马王堆一号汉墓出土竹简中，便提到熏囊一词，考古人员据此也在墓中边厢里发现实物四件，最大一件长五十厘米，最小的一件也有三二·五厘米。

五彩绣香囊

《红楼梦》第七十三回《痴丫头误拾绣春囊　懦小姐不问累金凤》讲到十四岁的粗使丫头在山石背后捉蟋蟀，无意间拾到一个五彩绣香囊，没想到因此闹出一场风波。在随后抄检大观园时，却从带头翻箱倒柜的王善保家的外孙女司棋箱子中翻出了一封信，是司棋的表弟所写，信中有『特寄香袋一个，略表我心，千万收好』的内容。看来香囊除熏香外，还是个情感交流的物件儿。元人张可久有『隔粉墙，付香囊』之句。所谓香囊，大多是用丝织品或布料等做成的小袋子，用以贮香料，随身佩带。

新疆尉犁县营盘墓葬出土一件用细毛布制作的香囊，色彩丰富，为精心制作的日常用品。

香囊

此画所描绘的故事亦与香囊有关。女乐工刘盼春与周恭相好，不料周父禁止儿子与其往来。而此时刘母又强迫盼春与一富商相识，被女儿拒绝后每日辱骂不止。周恭知道后哭着写信给盼春要其遵从母命，信中还附有一首词。盼春接信后，悲伤至极终殉情自缢而亡。焚烧尸体时，盼春遗体上所佩香囊犹存，且鲜艳洁净，香囊内还藏有周恭信中的那首词。明代朱有墩将此事编为《香囊怨》一剧。信中所附那首《长相思》词云：

『阻佳期，盼佳期。欲寄鸾笺雁字稀。新词和泪题。
怕分离，又分离。无限相思诉与谁。此情明月知。』

寄情香囊

画面表现的是一个与龙涎香有关的故事。宋代有个书生去钱塘江涨桥附近一家青楼时，赋《玉珑璁》词一首，其中有『城南路，桥南树，玉钩帘卷横香雾』之句。后来书生做北方之旅，不想因战事所阻无法返乡。正当颠沛流离生死未卜之际，突然接到朋友的一封信和一袋龙涎香。急忙打开信，只见上面写着一首诗：『江涨桥边花发时，故人曾此著征衣。请君莫唱桥南曲，花已飘零人不归。』书生读到这里又引发诗意写了一封回信：『认得吴家心字香，玉窗春梦紫罗囊。余熏未歇人何许，洗破征衣更断肠。』虽然因元军入侵，南北交通阻隔，但珍贵的香品还是在朋友间传递着，真是不可须臾抛开的心理、生理的必需品。

诗中提到的广州吴家心字香，在宋时最为抢手。据载：『有吴氏者，以香业于五羊城中，以龙涎著名。……人自叩之，彼不急于售也。』

做此画时正值电视中介绍世界各地名胜趣闻，刚好播出一热带国家，有一老者到退潮的海滩上寻觅飘来的龙涎，旁白说他十年内仅找拾不到十块儿，可见龙涎的稀缺珍贵。

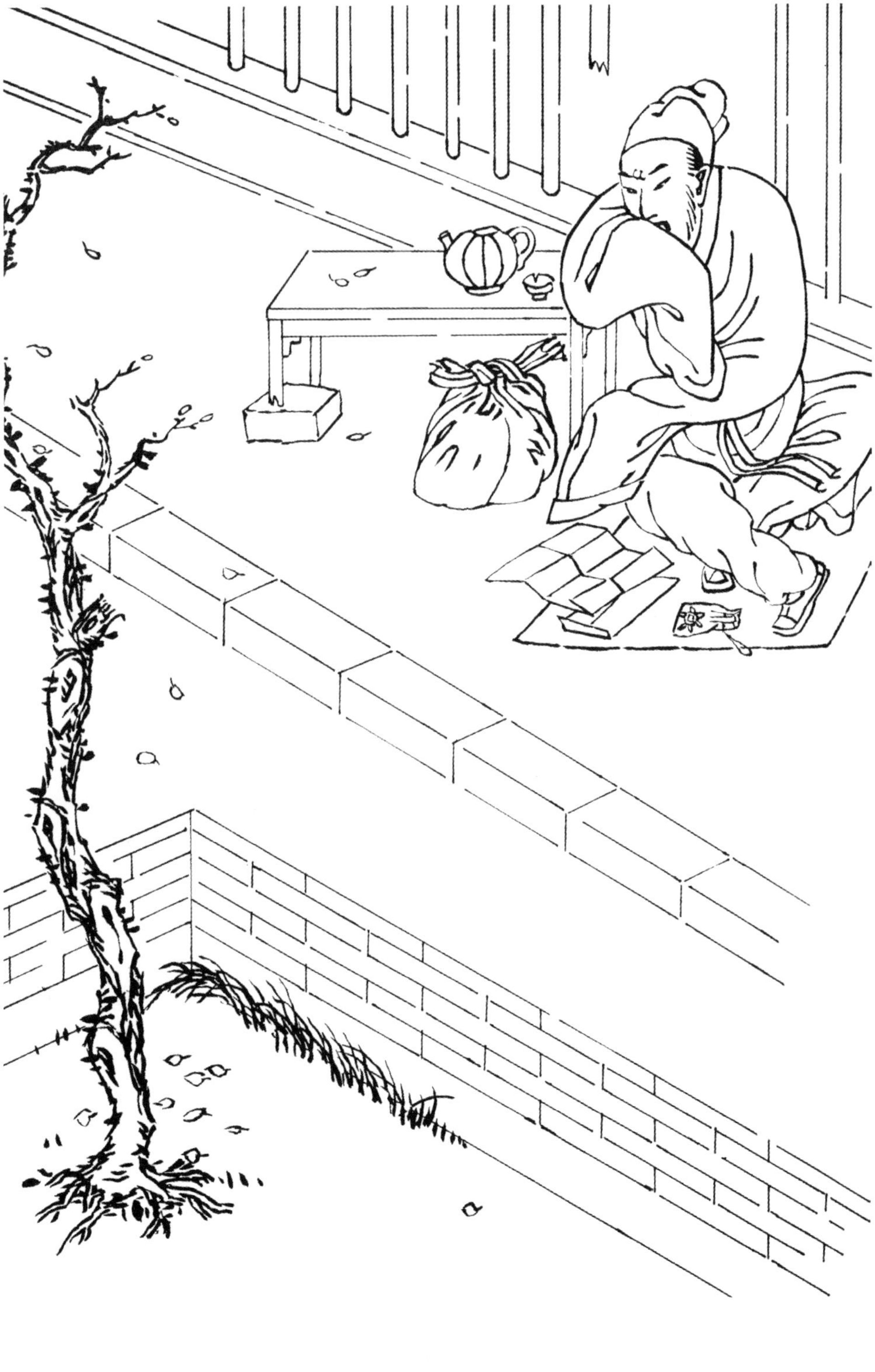

香囊

乐钧，江西人，清代嘉庆举人，所著《耳食录》卷三有《香囊妇》一节，说的是袁州有一个青年小伙长得貌美如潘郎，但社会经历过少，涉事未深。有一天走在街上，路过一间铺面房时，看到店内摆挂着不少绣罗香囊，幽香扑鼻，就向店内问了一声：『这香囊卖吗？』只见一个非常漂亮的女子摇摆着走来答道：『我在此开店，能不是卖的吗？』青年男子问：『多少钱一只？』女子嫣然一笑：『我老公下乡卖货去啦，人不在家里，我不知道多少钱一只。你要是喜欢，送一只给你罢了。』随后，女子果然送了一只香囊给男青年。男青年的朋友们听到香囊的来历后，表示不相信，说：『你要是再从她那里要几只分给大家，我们才相信这事是真的。否则，就把你这个抢过来。』几天后，男青年又找到这家店想再要几只送人。不想女店主误以为男青年爱慕自己，便语言挑逗并发生了肢体上的接触，男青年大惊求去，女店主强行留之，青年见床头有一剑，便取下将女店主杀了。

平日生活中，切不可随便接受不相识的异性礼物，尤其像香囊这种定情物品。

焚香抚琴

话说春秋战国时期，楚国人俞伯牙任晋国上大夫之职，奉命出使楚国。归国途中适逢中秋之夜，便在船内焚香抚琴。不想琴弦突然断了一根，似乎暗示有人偷听。派人寻找，发现听琴者为一打柴樵夫，名叫钟子期。经过伯牙几番抚琴试探，最后知道子期从琴声中明了自己意在高山、志在流水的心境，遂把子期视为知音，结拜为生死之交。一年之后，伯牙因思念子期请假还乡，恰于中秋之夜乘船赶到与子期相遇之地。不想虽焚香抚琴却不见子期的身影，遂上岸打听其下落。正遇到子期的父亲，方知子期有才无寿，因病亡故了。在子期坟前，伯牙流着泪抚琴为祭，最后以『历尽天涯无足语，此曲终兮不复弹，三尺瑶琴为君死』为终曲。然后割断琴弦摔碎瑶琴，道：『摔碎瑶琴凤尾寒，子期不在对谁弹？春风满面皆朋友，欲觅知音难上难。』

后来唐代大诗人孟浩然亦有诗云『欲取鸣琴弹，恨无知音赏』，即出典于此故事。

此画仿元代王振鹏所画《伯牙鼓琴图》笔意。由于故事发生在春秋战国时期，专用香具种类尚少，有专家认为可能用铜炭炉以燃香草。

焚香抚琴

《红楼梦》第八十六回《受私贿老官翻案牍 寄闲情淑女解琴书》中，宝玉到潇湘馆探望黛玉，看见她正在读书，但自己却不认得一个字，甚是奇怪。经黛玉讲解，知是琴书，于是对琴谱及抚琴产生了兴趣，就想学琴，被黛玉好一番教导。黛玉道：『琴者，禁也。古人制下，原以治身，涵养性情，抑其淫荡，去其奢侈。若要抚琴，须……风清月朗，焚香静坐，心不外想，气血和平，才能与神合灵，与道合妙。』然后盥了手，焚上香，方才将身就在榻边，把琴放在案上，坐在第五徽的地方儿，对着自己的当心，两手方从容抬起……

贾宝玉也曾写过燃香诗句，在《红楼梦》第二十三回《西厢记妙词通戏语 牡丹亭艳曲警芳心》中所作《夏夜即事》有『窗明麝月开宫镜，室霭檀云品御香』之句。

白釉瓷香熏

宋徽宗赵佶同南唐李后主一样也是个亡国皇帝。皇帝没做好，却留下一批绘画、书法珍品，特别是赵佶的工笔画，不仅造诣甚高，还自创了在画上题款所用的瘦金体，可谓相得益彰，被誉为『天下一人』。

此画便临自赵佶《听琴图》。

宋徽宗自称『教主道君皇帝』，所以抚琴时身着道家装束。圣上弹曲给大臣听在历史上恐怕也不多见。琴桌旁边摆放着一张香几，典雅精致。其上陈设有一个似黄金质地的承盘，内置香熏一款，主体呈茶杯状。既是宫中用品，又是一个风流皇帝所选用的，自然精美绝伦。

焚香抚琴

此画仿日本藏明代万历年《新刊正文对音捷要琴谱真传》一书图版笔意。

瑶琴与香炉是一对最佳组合，琴以大漆涂布，大气而古朴，炉则宝光自现。二者满足了人们视觉、听觉、嗅觉、触觉的全方位的审美需求。

唐代诗人刘长卿《听弹琴》云：「泠泠七弦上，静听松风寒。古调虽自爱，今人多不弹。」古人认为「技艺中，唯弹琴可理性情，兼一人闭户，陶然已足」。

关于古琴的制作，《后汉书·蔡邕传》记有这样一个故事：蔡邕见有人把桐木当柴烧，而桐木爆裂之声十分悦耳，知道是段好木材，就找人用它做了一架琴，果然发声十分良好。因为琴尾仍保留了烧焦的痕迹，故被人们称作「焦尾琴」。

玩古图

此画仿明代杜瑾《玩古图》［局部］笔意。

从画面所表现的大桌子上陈列着的香炉、古琴、书画等物品来看，焚香、抚琴、读书、藏画是明代文人日常生活必不可少的重要内容。当然，各项细致的准备工作也够下人们忙乱一阵的，然后才有雅士们愉悦的雅集活动。

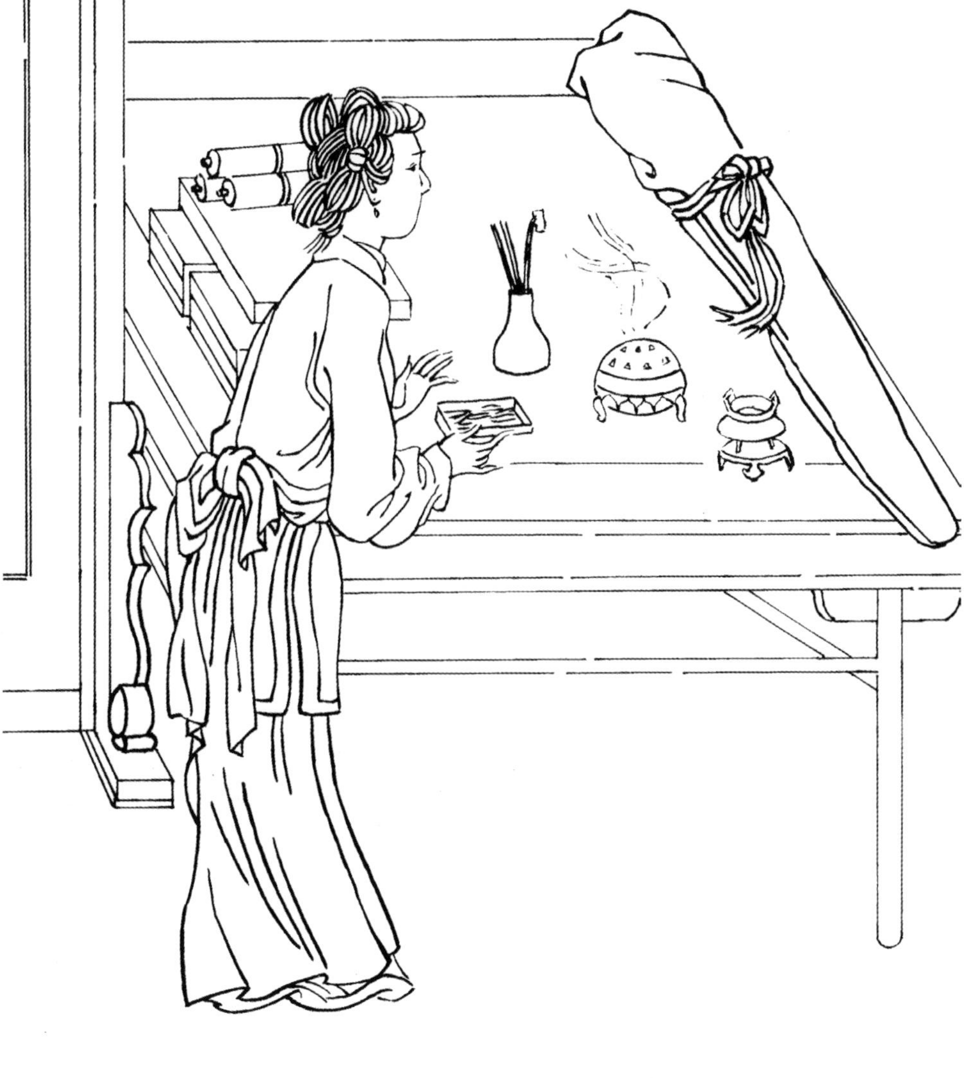

琴心写怀

此画仿日本藏明代建安忠正堂版《重锲出像音释西厢记评林大全》一书插图笔意。

《西厢记》之八《琴心》中描写了老夫人赖婚后，张生欲跳水自尽，红娘体察二人情感真切，为张生出了一个妙计，叫他在红娘夜晚伴莺莺后园祝香时，以琴声表示自己对小姐的爱慕之情。于是张生吩咐家童赶快『把琴儿理好，烧一炉香，安放在东阁子里』。当晚，张生边弹边唱道：『愿言配德兮，携手相将！不得于飞兮，使我沦亡。』听得小姐泪流满面。终于在红娘的劝说下，莺莺让红娘告知张生再多住几日为好。

琴心寫懷
月下挑絃訴恨者先存其意
花前聽韻知音者已解其心

熏香抚琴

《聊斋志异》卷七《宦娘》说的是陕西人温如春喜弹琴，外出到山西遇仙人指点，琴艺冠天下。宦娘是百年鬼魂，对弹琴也非常喜爱，特别希望得到温如春的指点，便暗中帮助温如春与美女良工的婚姻，最终得到温如春的真传，皆大欢喜。

画中桌案上置熏炉一个、琴一张，意在表现熏香弹琴已融入了人们的日常生活。

此画仿光绪年间绘图本《聊斋志异》插图笔意。

助情香

此画仿明代高濂所作《玉簪记》一书插图笔意。琴声清逸，香烟缭绕，环境优雅，情丝万缕。

明代屠隆在《考盘余事·香笺》中说：『香之为用其利最溥。……红袖在侧，秘语谈私，执手拥护，焚以熏心热意，谓古助情可也。』

观棋谱焚香

此画仿日本藏清代《吴姬百媚图》笔意。

画面中女子边研究围棋古谱，边享受着沉香飘渺的绝妙香气，但她孤寂一人，未必当真十分惬意。唐代大诗人杜甫则不然，杜诗有云：「老妻画纸为棋局，稚子敲针作钓钩。」表现出诗人家庭生活的和谐与欢乐，即使也仅仅是短暂的。

焚香坐隐图

此画仿自收录在《日本藏中国古版画珍品》一书中的《坐隐先生精订捷径奕谱》之《坐隐图》［局部］笔意。

该棋谱为明代万历年间所编刻，『坐隐』即指围棋。画中小书童们正在为雅集的客人紧张地忙碌着，山洞边的小路走来一名小书童，用一个承盘端着刚刚燃上香的香炉。琴棋书画、翰墨棋酒都是形容文人们日常雅事的，二者都包括了下棋。《晋书·谢安传》就记述了谢安与客人下棋时，传来谢玄大破符坚的捷报，但他镇定自若，继续棋局的故事。既然是雅事，自然也要有燃香这种高雅内容。这也就解释了为什么该棋谱扉页背后的插图没有采用围棋本身的棋盘或棋子，而用了一组九个不同造型的香炉作为装饰主题。

天青三足炉

元代大德年间有位文人寄寓北方燕山，每日早出晚归，为生活奔忙。此人因为是一个南方人，很不习惯北方的朔风与沙尘，经常抱怨『奔走暮归，黄尘满面』。虽然生活十分辛苦，但依旧保留着读书人的好习惯，每晚仍要坚持夜读。一次，他读到一首好词，对于词中描述的情景及心境感同身受，称『挑灯读此词一过，想象江南，如梦中也』。忙秉笔，于如豆的烛火下认真抄录下来。

这一首《清平乐》的作者为周晋，词云：

『图书一室，香暖垂帘密，花满翠壶熏研席，睡觉满窗晴日。

手寒不了残棋，篝香细勘唐碑。无酒无诗情绪，欲梅欲雪天时。』

词中构想了一生中所追求的闲雅的文人生活：藏书、插花、手谈［即指围棋］、燃香、读帖、饮酒、赋诗、赏雪。然而现实并不那么美好，无钱便无酒，无酒诗兴也就没有了。人生暗淡，如雪前彤云密布。

与画中所绘香炉样式相似者，有藏于台湾故宫博物院的元代钧窑天青釉三足炉。高七厘米，蹲式兽足，天蓝色乳浊釉，釉水流至足边，器身有白色细纹，俗称『牛毛纹』。

熏香炉

宋人黄升，福建人，不走仕途，以吟咏自乐。所作《鹧鸪天·暮春》有『沉水香销梦半醒，斜阳恰照竹间亭，戏临小草书团扇，自拣残花插净瓶』之句。

词意平实，以白描手段描绘闺阁女子焚香、习字、插花等生活片断。古人曾言：『墨之与香，同一关纽，亦犹书之与画，谜之与禅也。』如果临习名帖的同时，燃起一炉沉香，当为精神之极大愉悦也。

青白釉三足炉

《柳塘词话》作者在书中写到自己在莺脰湖殊胜寺中见到墙上的一个挂轴，是国师中峰明本的墨迹《行香子》，其中有云：『阆苑瀛洲。金谷琼楼。算不如、茅舍清幽。野花绣地，贫也风流。却也宜春、也宜夏、也宜秋……短短横墙。矮矮疏窗。一方儿、小小池塘。高低叠嶂，绿水边旁。也有些风，有些月，有些凉。』这位文士看过后称赞说：『若不经意出之者，所谓一一天真，一一明妙也。』

此画中人物形象是根据藏于日本的中峰明本留发留须的画像所绘。中峰明本为天目山等寺院住持，后被赐号『佛慈圆照广慧禅师』，也是这一时期来华的日本创派僧人的禅宗师父，与文人学士多有交往。元代大书法家赵孟頫，官至从一品、翰林学士承旨、荣禄大夫，在任江浙儒学提举时，与中峰明本联系甚密，特别是晚年，往来书信很是频繁。赵孟頫儿女、夫人病逝后，都请求明本为她们颂经超度。

中峰明本的书法具有独特风格，不同于苏、黄、米、蔡、颜、柳、欧、赵，所用笔画类柳叶或韭菜叶形态。他上述的词作『有些风，有些月，有些凉』，不仅禅意十足，且读起来很有些现代朦胧诗的味道。

与画中所绘香炉相似的有北京元大都遗址出土的青白釉三足炉，造型仿青铜分裆鬲，直耳，炉身饰饕餮纹。

焚香寄情

《牡丹亭》是明代汤显祖的代表作，剧中女主人公杜丽娘具有追求婚姻自由的强烈愿望和反对封建礼教的浪漫主义理想。

在该剧第十四出《写真》中，杜丽娘听到丫环说自己游园伤春后日渐消瘦时，便唱道：「俺往日艳冶轻盈，奈何一瘦至此！若不趁此时自行描画，流在人间，一旦无常，谁知西蜀杜丽娘有如此之美貌乎！春香，取素绢丹青，看我描画。……也有古今美女，早嫁了丈夫相爱，替他描模画样；也有美人自家写照，寄与情人。似我杜丽娘寄谁呵！」

在《牡丹亭》剧本中，涉及日常焚香之事有多处，如第十出《惊梦》中有「瓶插映山紫，炉添沉水香」「困春心游赏倦，也不索香熏绣被眠」；第十二出《寻梦》中有「佳人拾翠春亭远，侍女添香午院清」；第十四出《写真》中有「都来几日意懒心乔，竟妆成熏香独坐无聊」；第十七出《道觋》中有「紫微宫女夜焚香，古观云根路已荒」；第二十出《闹殇》中「领头香心字烧，再不叫咱把剔花灯红泪缴」；第四十四出《急难》中「博山秋影摇，盼泥金俺明香暗焦」；第五十五出《圆驾》中「宝殿云开，御炉烟霭乾坤泰」。

焚香评鉴

明代陈继儒有著述《陈眉公全集》传世，其中《岩栖幽事》之五十三云：『胜客晴窗，出古人法书名画，焚香评赏，无过此时。』

全书所记当是他日常所悟，虽均为只言片语，但为后学留下宝贵资料。他认为生活中的美事，除了三月新茶、梅花未谢、九月鲈鱼莼菜及新酿高粱酒外，有高朋在晴和之日登门来访，自己展示出不轻意示人的珍藏着的古代书画，香炉内燃上沉香，高谈阔论，各抒己意，是世上再美不过的了。

鸟形盖香熏

晋代灞陵有一个女子姓王，嫁与卫家为妻，不幸夫君溺水而亡。她居住的屋内有两只燕子在梁上筑巢。忽一日，有一只被鹰所伤而亡，剩下的一只燕子一直发出悲鸣。到了秋天，这只燕子飞落在她的身上似乎在告别，她用红绳系在燕子腿上，嘱咐它明年春天再来作伴。第二年春天这只燕子果然又飞来她家中。她写诗道：『昔时无偶去，今年还独归，故人恩义重，不忍更双飞。』抒发了自己的悲苦和志向。秋去春来持续几年之后，王氏病故，燕子春天飞来后哀鸣不已，最后在城外王氏坟前死去。元代剧作家张可久所作《塞鸿秋·春情》有『伤情燕足留红线』之句。

此画仿《明刻历代烈女传》笔意，增添了塑有飞鸟的一个香炉，有其相陪相伴，减少妇人与燕子各自的孤独之感。

将军书斋内的香熏

唐代诗人王建，江苏人，贞元进士，官至水部员外郎、国子司业，其所作的《早秋过龙武李将军书斋》云：

『高树蝉声秋巷里，朱门冷静似闲居。重装墨画数茎竹，长著香薰一架书。语笑侍儿知礼数，吟哦野客任狂疏，就中爱读英雄传，欲立功勋恐不如。』

这首唐诗恰恰为人们提供了一个宝贵的信息，唐代的儒将也在自己书房内燃香读书，可见对香事的喜爱不限于文士。

博山炉

此画摘取了唐代诗人李白《杨叛儿》诗中结尾的一句加以表现：『博山炉中沉香火，双烟一气凌紫霞』。

描绘的是一对男女青年热恋的故事。诗中『博山炉中沉香火』句由古乐府《杨叛儿》发展而来，原句为『欢作沉水香，侬作博山炉』。画中小伙子手捧燃着沉香的博山炉来与偷偷跑出后门幽会的女生相见，相约要像双烟相绕，一起实现自己的爱情理想。

白玉香炉

唐代词人温庭筠，花间派的领军人物，其所作《更漏子》云：

『玉炉香，红蜡泪，偏照画堂秋思。眉翠薄，鬓云残，夜长衾枕寒。梧桐树，三更雨，不道离情正苦。一叶叶，一声声，空阶滴到明。』

唐代香炉有用玉石制作的，据资料记载，韩侂胄嫁女，奁具中有白玉出香狮子，高二尺五寸。实物亦有陕西唐墓出土有汉白玉香炉、河南出土的三合一的可以组装的白色滑石香炉。可见古代香炉材质的多样化。

四足提链铜香熏

唐代诗人王勃，山西人，举人出身，官至参军，『初唐四杰』之一，他有一句在当时就非常著名的诗句，即《滕王阁序》中『落霞与孤鹜齐飞，秋水共长天一色』。那一次，王勃路过洪州，正巧赶上阎都督举办宴会，来了名儒进士及官吏百余人。席间，阎都督表示想请诸位大才写《滕王阁记》刻石纪念。实际上都督是想让自己的女婿作文来显露一下才学。分发纸笔时，客人都很识相，无人接受。青年王勃却接下了，都督不豫，转身进了后厅。但在随后听到手下小吏向他报告王勃写的上述两句后，马上转回到座位，称王勃为奇才，延为上座。正当众人称赞王勃写得精彩时，都督的女婿却站起来说：『你这篇文字是先前大儒留下来的，是抄袭的，我经常背诵。』说罢把刚看过一遍就记住的王勃所写的序文一字不错地背诵下来。王勃见此也站起来说：『既然你说是天天背诵，那么序后还有八句诗，你能背吗？』阎女婿说：『根本就无诗。』王勃马上笔走龙蛇，把自己刚打好腹稿的新诗写了出来。阎女婿讨了个没趣。王勃此行本为看望远在交趾为官的父亲，宴会后便又登船赶路，却遭遇不幸。这位不到二十九岁的才子，在惊涛骇浪中溺水受惊而亡。

画面描绘的是古人演绎的王勃遇仙的故事：王勃在探父赶路之时，遇到水府仙人，说他脑骨亏陷，目睛不全，终无大贵。王勃听了怏怏不快。在行船遇到雪浪翻空、狂风大作时，想到仙人的嘱咐，赶快焚香祝告江神，然而几天后仍遇海难。王勃死后，人们想象他成了仙人，被上仙吴娘娘邀请至蓬莱仙岛，参加赋诗会去了。

与画中相似的香炉，存世的有唐代四足提链铜香熏。

熏香炉

词人潘钟瑞，字香禅，性善填词，提倡风雅，词作《南歌子》云：『月波掠入藕花阴，曾否鸳鸯睡处照深深。拨尽金炉灶，迟他玉漏音。沉吟往事到如今。便到如今，依旧是沉吟。』词中套用了汉代政治家、军事家、文学家曹操《短歌行》中的『但为君故，沉吟至今』之句。但潘钟瑞却好像空谈一生，并无甚建树。这一点确实反映出封建社会知识分子在选择进取还是身退之间的矛盾心理。任何事业不投身其中将会了无寸功。假如没有炉匠们在高温下的十二次精炼和添加各种贵金属进行配方研制的实践活动，也不会有现在为人们所追捧的宣德炉这一审美客体出现。

此画仿自《五言唐诗画谱》笔意。

心字香

宋代词人蒋捷，进士出身，所作《一剪梅·舟过吴江》云：『一片春愁待酒浇，江上舟摇，楼上帘招。秋娘渡与泰娘桥，风又飘飘，雨又萧萧。何日归家洗客袍，银字笙调，心字香烧。流光容易把人抛，红了樱桃，绿了芭蕉。』其词最后一句是脍炙人口的名句。全词描写的是游子在风雨中，期待着归家后所享受的温馨家庭生活。

所谓心字香是当时广州生产的非常有名的龙涎香饼的一个品牌，厂家吴氏也因此成为富商，他对自家产品十分惜售。关于心字香的形态有两种解释，一种是明代杨慎《闻品》中认为：『心字香者，以香末萦篆成心字也。』一种则认为是压制成心形的香饼。

与画中香炉相近者有故宫藏宋代哥窑鱼耳炉。

同烧夜香

宋代词人辛弃疾词风多样，激扬妩媚兼有。在所作《一剪梅》中云：『记得同烧此夜香，人在回廊，月在回廊。而今独自睚昏黄。行也思量，坐也思量。』

作者追忆自己与女友夜话时情丝悠悠的情景。画面为突出人生中儿女情长的离别之苦，在男青年手中绘了一个梨，其表情亦欲言又止，意为不得不分离而又难舍难别。

农家用香

此画仿宋代《耕织图》［局部］笔意，原作藏于国家博物馆。

此画表现的是农村即景。在画家不经意的补景中，使现代人了解到古代农家在室外燃香的情景。莲花香炉、香盒、香匙、香几乃至炉内焚燃的香丸均描绘得十分到位，是不可多得的反映宋代香事普及程度的历史见证。

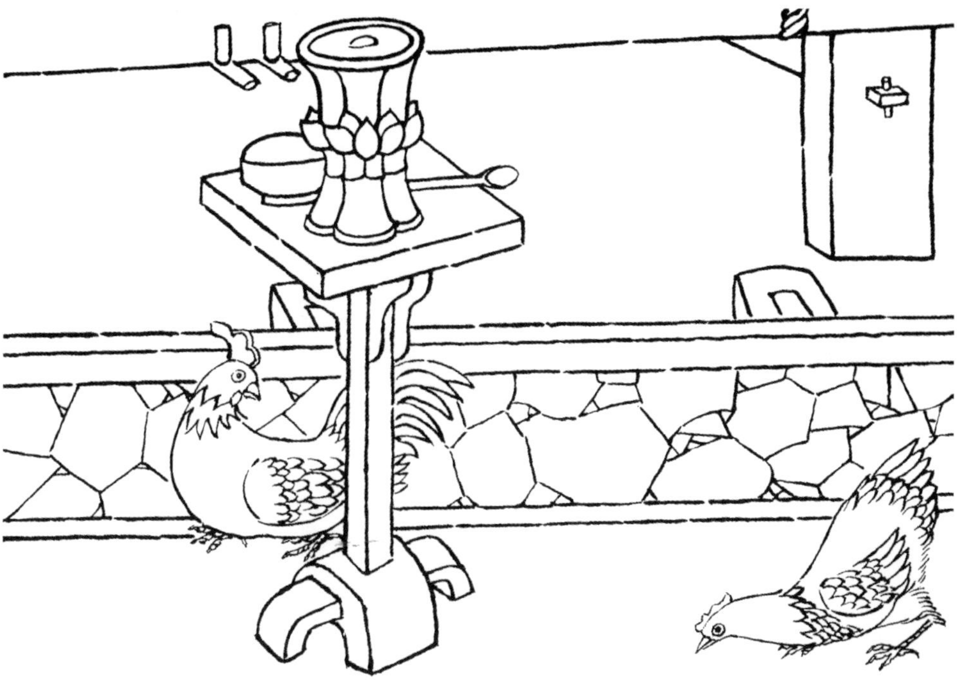

影青釉三足炉

宋代诗人范成大，江苏苏州人，进士出身，官至广西经略安抚使、四川制置使、参知政事，是南宋颇负盛名的诗人之一。所作《醉落魄》云：『栖鸟飞绝，绛河绿雾星明灭。烧香曳簟眠清樾。花影吹笙，满地淡黄月。』此词为范成大得罪了主和派而归隐故乡后闲适生活的写照。

画中人物仿唐代孙位所作《高逸图》笔意。

与画面所示香炉相近者有丹阳铜镜青瓷博物馆藏宋代影青釉三足炉。

香癖

宋代大书法家黄庭坚，号山谷道人，江西修水人，进士出身，官至国史编修。晚年不幸，于崇宁二年十一月被流放宜州。又如俗话所说虎落平阳被犬欺，当地管教者再次对他施加迫害，半年后，以罪犯不能在城里居住为名，在一个寒冷冬天将其赶到偏僻城南的一间漏雨透风的破房内，相邻的还是一家杀牛宰羊的屠户，环境可谓异常恶劣。但黄庭坚坦然处之，他说：我本是农家子弟，如果不当这个进士，家里也如此贫苦。于是自己找个破床安顿下来，依旧燃起香来。两年后黄庭坚不幸病逝。

黄山谷对于香文化有很深的了解，常与苏东坡以沉香为题唱和，自号「香癖」，有「隐几香一炷，灵台湛空明」香偈一首。

画中人物仿宋代佚名《柳荫高士图》笔意，以突出黄山谷冷眼看世事的心境。

与画面相似的香炉有宋代耀州窑莲花炉。

寄情熏炉

宋代词人吴潜，安徽人，进士出身，官至参知政事、右丞相兼枢密使，封许国公，卒赠少师。所作《武陵》云：『惨惨凄凄秋渐紧，风雨更潇潇。强把炉熏寄寂寥，无语立亭皋。』词中所描写的凄凉景象大概是其作官之前的事吧。在凄风苦雨的秋日，相伴的只有自己那只随身携带的香炉和如同人生之路一样飘渺的香烟。

画中人物仿清代《晚笑堂画传》笔意，表现其被风雨打透的无助形象。

三足瓷炉

宋代李清照所作《念奴娇·春情》云：『楼上几日春寒，帘垂四面，玉栏杆慵倚。被冷香消新梦觉，不许愁人不起。』

与夫婿赵明诚平日里比翼双飞，眼下他出差在外，沉香燃尽而无人添香。画面取『不许愁人不起』一句加以表现，床榻上悬挂着绣有双凤的帷幔，突显往日生活的甜美，对比之下，更反衬出女词人如今的孤寂难耐。

银三足炉

宋代词人周邦彦所作《苏幕遮》云：『燎沉香，消溽暑。鸟雀呼晴，侵晓窥檐语。叶上初阳乾宿雨，水面清圆，一一风荷举。故乡遥，何日去？家住吴门，久作长安旅。五月渔郎相忆否，小楫轻舟，梦入芙蓉浦。』当作者看到清晨的阳光撒落在一塘经夜雨洗涤过的碧绿荷叶上时，不由陷入了对江南故乡的回忆与思念。

画面取任伯年画作笔意。画中香炉以浙江省义乌市博物馆藏宋代银三足炉为本。

三足熏炉

宋代寇准，陕西人，官至枢密院直学士，真宗朝宰相。寇准是民间熟知的人物，一般被称为『寇老西儿』，他所作《踏莎行·春暮》云：

『春色将阑，莺声渐老，红英落尽青梅小。画堂人静雨蒙蒙，屏山半掩余香袅。密约沉沉，离情杳杳，菱花尘满慵将照。倚楼无语欲销魂，长空黯淡连芳草。』

词风平易通俗，情景交融，人称『诗思凄婉，盖富于情者』。

壁画中的香炉、香丸

河北古代墓葬壁画中，辽代张世卿墓后室东壁绘有一幅《备经图》，表现了当时人们进行佛教法事所用的常规用品，其中就包括香炉一个，炉内应为所备用的香丸一枚。

壁画中的香炉

摹自河北宣化辽墓壁画中韩师训墓壁画《备经图》，方案上摆有四足香炉，但不若同为辽代的张世卿墓壁画《备经图》中香炉内有香丸状物。

篆香炉

元人张可久《一枝花·湖上晚归》云：『夜气清，酒力醒，宝篆销，玉漏鸣。笑归来仿佛二更，煞强似踏雨寻梅霸桥冷。』男女二人携手夜游西湖，归来已是深夜，仍兴趣昂然。笑谈此行，认为强过孟浩然的踏雪寻梅［原文中踏雨恐误］。

此画仿明代《新镌图像注解曹大家七诫》笔意。

此画仿明代《千秋绝艳图》之《文姬归汉图》笔意。配合着画面的艺术氛围和要表达的思乡情绪，特为昭君焚香为伴。

熏香炉

人们经常吟颂的『古道西风瘦马，夕阳西下，断肠人在天涯』其实是元曲作者马致远的《越调·天净沙小令·秋思》之一中的词句。其第三首云：『西风塞上胡笳，月明马上琵琶，那底昭君恨多；李陵台下，淡烟衰草黄沙。』马致远也是《汉宫秋》的作者，该剧的女主角就是王昭君，她原为农家女，因没有向中大夫毛延寿行贿而落选，被打入冷宫十年。当她在夜里弹琵琶时，偶然被汉元帝发现，选为明妃。毛延寿被罪，外逃至匈奴后，挑唆匈奴王索要明妃，否则大举南犯。王昭君为了国家利益自愿出塞和亲，但剧中结局昭君是出了汉界即投江自尽。其后匈奴王翻然悔悟，与汉朝和好，将毛延寿押还汉朝。这当然是艺术化的王昭君。《汉书·匈奴传》载，王昭君不是汉元帝的妃子，是由汉元帝作主嫁与匈奴王，并生有后代，促进了民族团结。

与画中相似的香炉可见台湾故宫博物院藏明代龙泉窑翠青绳耳鼎。

焚香鼻观

此画仿《明刻历代烈女传》中《楚昭越姬》［局部］插图笔意。

故事说的是楚昭王的越姬是越王勾践之女。平日经常规劝昭王以德治国，而不像昭王另一个蔡姬口口声声表忠心称愿与昭王同生死。当真到昭王快病死时，越姬以死殉葬，而蔡姬却不愿同死，最后大臣拥越姬之子为惠王。

画中节选的是太监焚香迎候楚昭王进殿的情景，也许是香炉里焚燃的香很珍贵，使这位太监作『鼻观望』状，嗅得很陶醉。

青瓷三足炉

仿明代陈洪绶《仕女图》笔意。

如明代《坐隐图》中为主人忙着焚香煮茗的书童一样，此画中打扮入时的两名侍女，春风摆柳般急急行走，正是要为主人送去备好的香具。

与画中香炉相似的有江西婺源博物馆藏的明代青瓷三足炉。

熏香炉

这是一个讲男子坐怀不乱、完成朋友托嘱的故事。明代有个监生姓秦，从家里租了船去赶考。路经扬州时，去拜访了一位至交朋友，两人相见甚欢。第二天，秦监生准备开船上路时，他的朋友却带着一位体态婀娜、蛾眉皓齿的青年女子赶来。朋友解释说：『我有个朋友托我帮他在扬州物色一个女子作妾，因你正好路过我那朋友所居之地，请你帮忙带她去吧。』

秦监生一时不知如何是好，心想，此一去两千里的路程，在一只小船里，一个孤男、一个寡女的，万一有人说闲话很难摆脱干系，心下十分犹豫。朋友因为很清楚秦监生的人品，相信会平安无事，没等秦监生推辞，便放下一封信上岸去了。

开船后，秦监生在船内安置好女子休息的铺位后，自己在她对面寻个地儿坐下，随手拿了本书翻看，以此解闷。为了约束自己不生异想，他取出香具，燃香做『鼻观望』。一日，船过高邮湖面，此地夜晚蚊子大而凶，据说常有人因叮咬而死。女子没有蚊帐，秦监生怕她会有什么闪失，就让她在自己床上的蚊帐里一起合衣而眠。午休时，秦监生在帐外席地而卧，只留女子在帐中。如此月余，终于把该女子送达家中。

瘿木香炉

明代文人陈继儒逸事多多。嵩山僧人知道他喜爱香事，有一次特意弄了个用树瘤子挖制的香炉送给他，这种木香炉可算是别致得很。陈继儒十分高兴地收下了，还在木香炉上刻了铭文：『形固可使如槁木乎？心故可使如死灰乎？唯我与尔有是夫。』说自己求隐居不求仕途发达，身如枯槁，心如死灰，而不后悔。

以根雕制香炉，实物可参见瀚海拍卖的清代根雕三足炉。

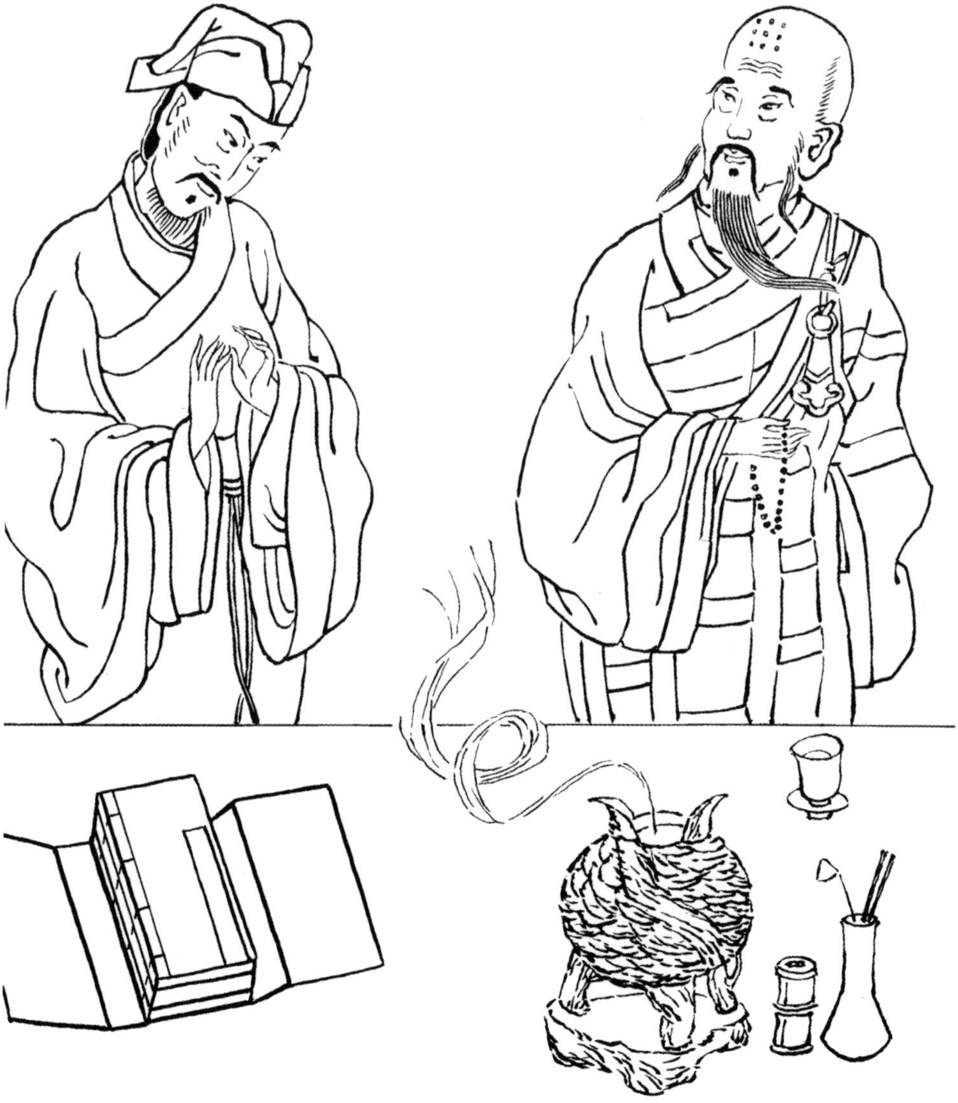

熏香炉

明人陈继儒很希望自己是个隐士，便筑室东佘山，但同时也不乏有官宦之人往来。

现代的人们看电视时，常看到一些平庸的主持人在采访中对受访人提出一些无关痛痒的老套问题，有时让被访者答又觉得没必要，不答又显得没涵养，左右为难。其实倒可学一学明人陈继儒答客问的技巧。

他说：『客过草堂，叩余岩栖之事，余倦于酬答。』懒得回答，怎么办呢？他说我就从古人诗句中，摘出相对应的语句给以回应。如客问：『你是如何想起当隐士的？』我就回答：『得闲多事外，知足少年中。』客又问：『每天都怎样打发日子呢？』我回答：『种花春扫雪，看箓［指道家的的秘籍］夜焚香。』客再问：『如何养老？』我答：『砚田无恶岁，酒国有长春。』客最后问：『如何打破平日寂寞的？』我答：『有客来相访，通名是伏羲。』这时已然有一点不耐烦了，所以小刺了一下对方，回答说经常有客人来聊天，都称自己是高人哪。

画中人物足边是一取暖的炭炉，桌上的根雕座上置一熏香炉。

掩户焚香

明人陈继儒《岩栖幽事》中有：『掩户焚香，清福已具。如无福者，定生他想。更有福者，辅以读书。』

虽说是排除世俗杂念，宅在家中，燃起名香，望着那一线升腾变幻的烟气，静静的修身养性，然而想真正做到大隐于市，并非易事。

与画中香炉样式相似的，是曾见于某拍卖会的拍品，被称作明代铜片金宣德炉。

青花云龙香炉

此画描绘的是清宫后妃日常生活的情景，终日有瓶花、诗集、熏炉相伴，生活用具按品级规定供应不乏，但从人物表情神态上看，似有所思所盼。

与画中所示香炉相似者，有清代青花云龙香炉。

炉香

《红楼梦》第七十六回《凸碧堂品笛感凄凉　凹晶馆联诗悲寂寞》中说到妙玉见黛玉、湘云中秋月夜在池边联诗，就请两人到庵内吃茶。书中写道：『三人遂一同来至栊翠庵中。只见龛焰犹青，炉香未烬，……［妙玉］自却取了笔砚纸墨出来，将方才的诗，命她二人念着，遂从头写出来。』妙玉见她二人只做了二十二韵，便提笔微吟，一挥而就，续成共三十五韵，递给二人。起首两句就提到香事：『香篆销金鼎，冰脂腻玉盆』。

此画仿清代改琦所绘《红楼梦图咏》笔意。

静日玉生香

《红楼梦》第十九回《情切切良宵花解语 意绵绵静日玉生香》中，宝玉又到黛玉房中说话，忽然闻到黛玉衣服有一股幽香，便问戴的是什么香，黛玉说：『可能是衣柜香气熏的。』宝玉却说：『这香的气味奇怪，不是那些香饼子、香毬子、香袋子的香。』又惹得黛玉酸酸地说道：『难道我也有什么「罗汉」「真人」给我些奇香不成？就是得了奇香，也没有亲哥哥亲兄弟弄个花儿、朵儿、霜儿、雪儿替我炮制，我有的是那些俗香罢了。』其实，黛玉对香的辨别非常敏感，在第八十七回中探春等人闻到风吹落叶后透来一阵清香，便问：『像什么香？』黛玉马上说：『好像木樨香』。在第六十四回宝玉从雪雁口中了解到黛玉平日焚香细事，说黛玉吩咐把小琴桌挪到外间，摆上那只龙纹鼎和新鲜瓜果，雪雁还说姑娘平日不太喜欢熏衣服，就是点香，也只点在常坐卧的地方。

画中人物仿清代改琦所绘《红楼梦图咏》笔意。为她配置的香炉取意于清代仿古青玉饕餮纹三足盖炉。

焚香祝拜

《聊斋志异》卷三《蛰龙》讲的是于陵县有个曲公，一天，阴雨连绵，天色晦暗，他在楼上看书时，见一个活物发着萤火虫似的光蠕动爬行，凡是爬过的地方即有烧焦的痕迹，爬到书上，书也焦了。他想这东西可能是条小龙，于是把书捧着送到门外，可是站了半天，这物蜷曲着一动不动。曲公自语：『是不是我对他不够恭敬？』于是进屋整肃冠带、行礼作揖，重又将其送出屋外。这时小龙突然昂首挺身，嗤的一声，闪着光飞出几步，又回头看着曲公，头已经像个大缸那么巨大，身子也有几个人合围那么粗，一转身，霹雳一声，震天动地，飞上天空。曲公回屋查看，才知道原来小龙是从书籍里爬出来的。

画中桌案上放着带底座的三足炉一件。

此画仿光绪年间绘图本《聊斋志异》插图笔意。

厅堂前的熏香炉

《聊斋志异》卷一《王成》讲的是平原县一个官宦人家的后代王成是个懒惰的人，与妻子二人日子过得十分贫困。但他为人可以做到拾金不昧，遇事敢于自己承担。在坎坷的生活道路上得到了狐仙祖母和店主人的帮助。

在贩葛布货款被人全部偷光、贩鹌鹑又死得只剩下一只的情况下，他都能以平常心对待。清代，在京城和其他地方都流行斗鸟，特别京城中的一些王公贵胄更是喜欢。王成用自己唯一的鹑鸟参加了王爷组织的斗鸟比赛，最后大获全胜，得到了丰厚的收益。

画中王府的厅堂外站了许多等候斗鹑的人，堂前放置了巨大的熏香炉，说明熏香在古代生活中的重要性。

此画仿光绪年间绘图本《聊斋志异》插画笔意。

品茶熏香

《聊斋志异》卷四《胡四相公》讲的是山东莱芜有个叫张虚一的读书人，他性格豪放，行动无拘束。听人说有个富户的旧宅空着没有住人却住了狐仙，他便前去探察，果然如众人所言。从此以后他与狐仙胡四相公成了好朋友，经常一起吃酒谈天。但奇怪的是胡四相公从没露过真面目。画中茶具悬空而置，多少有些诡异。

桌上放置的是一件仿宣德炉。古人在朋友到访时会奉茶，同时常常也会燃一炉好香，是为待客的礼仪。

此画仿光绪年间绘图本《聊斋志异》插图笔意。

三足香炉

《聊斋志异》中的一则故事，讲的是淮上有个读书人周天仪，五十多岁只得一子，名唤克昌，丰姿越秀，但不喜读书。有一天克昌忽然失踪，之后，家中便发生了一些令人费解的怪事。

画面仿光绪年间绘图本《聊斋志异》插图笔意。

画中桌案上摆放一件有木托座的三足香炉，一看便知是民间常用之物。

仿宣德炉

《崂山道士》是《聊斋志异》中的一则故事，讲的是旧家子弟王七，慕道学道，但不能吃苦，急于求成。跟师父学了一手儿穿墙术后，便急于返家。自诩遇仙，在妻子面前显摆、表演，不想用力穿墙，墙没穿过去，头上却撞起了一个鸡蛋大的硬包，遭妻子的嘲讽。

此画仿光绪年间绘图本《聊斋志异》插图笔意。图中桌案上摆放一件有木托座的香炉，此为民间常用之物。

焚香问卜

《聊斋志异》卷一中《妖术》讲的是明代崇祯年间，有一个叫于公的人，会武术，他带仆人上京赶考，途中仆人患病，遂去问卜。算命先生告诉于公，仆人的病很快就好，而主人三日内必死无疑，如果给十金，有术破除此难，于公不相信卜人的话。最后于公战胜卜人陷害他的三次妖术，并将其绳之于法。

此画仿光绪年间绘图本《聊斋志异》插图笔意。画中桌案上香炉中燃着线香。由此可知清代线香的使用已很普遍，带有宗教色彩的焚用线香，更是随处可见。

熏香炉

《聊斋志异》卷九《鸟语》的故事是说中州道人会听鸟语，在乡村募化时听见黄鹂鸟叫，就告诉黄鹂的主人，鸟在说：『大火难救，可怕！』大家不以为然，一笑了之。没想到第二天果然大火，殃及了许多房屋。诸如此类的事道士每每说中，大家尊他为神人，道士却说自己只是能听懂鸟语而已。县官得此消息，将道士请到家里，尊为上客，每听禽类鸣叫都告知官儿，十分准确。一天见到一群鸭子，县官问道士它们说什么？道士说：『鸭子说蜡烛一百八，银朱一千八。』县官疑心道士讥讽自己，很不高兴，但也仍不放道士离去。又过了几日县官家宴请宾客，有一只杜鹃飞来鸣叫，客人问道士鸟儿在说什么？道士听罢就说鸟儿说：『丢官而去！』众人听到此话异常吃惊，县官勃然大怒，把道士赶将出去。不久此官因贪污受贿被罢了官。

此画面仿清末《聊斋志异》插图笔意。县官的背后桌案摆设中有带底座的香炉一个，是官府富人使用之物。

焚香炉

《聊斋志异》卷十一《青蛙神》讲的是长江汉水一带，民间有祀奉青蛙神的习俗。湖北有一个叫薛昆生的年轻人，被蛙神相中，将女儿十娘嫁到薛家为妇。十娘本不懂得如何为人之妇，到最后终成为贤妻良母。

此画仿清末《聊斋志异》插图笔意。

画中表现的是蛙神殿，中间供奉的是蛙神像，神案正中有焚香炉一个。中国的寺庙里，这种供奉形式很普遍。

炉瓶三事

明人屠隆，进士出身，官至礼部郎中，因被诬获罪罢官。所作《婆罗馆清言》有云：『待月看云，偶见鹤形之使；焚香扫室，时迎鸟爪之姑。』

鸟爪之姑，就是民间传说中的麻姑。这是一个很诙谐的故事：有位姓王的仙人来到蔡家，让蔡家主人在干净屋子里焚香以召仙姑。蔡见仙姑貌美可人，还特别年轻，结果一问，人家早已有三次见到东海变为桑田的经历了。按民间俗语计算，千年沧海变良田，那么这位女子得有三千岁了吧。蔡看见麻姑像鸟爪一样的手指又突发奇想：如果我的背特别痒的时候，请她用手指给我挠挠该多舒服呀！

此画描绘的焚香用具有香炉一款、香瓶一件、香盒一个、瓶中插有香箸、香铲，总称为炉瓶三事。《红楼梦》第四十回《史太君两宴大观园　金鸳鸯三宣牙牌令》中有『每一榻前两张雕漆几，……一个上头放着一份炉瓶』的描述，可见炉瓶一套也是香事的规矩之一。

台湾故宫博物院藏有清代古铜釉瓷炉、瓶、盒一套，佳士得拍品中有清代乾隆青玉饕餮纹炉、瓶、盒一套，均与画面所示相同，三底座相连。

画中人物仿任伯年《麻姑献寿图》笔意。

炉瓶三事

《聊斋志异》卷六《惠芳》讲述的是山东青州城里，有个为人老实厚道的马二混，与母亲二人相依为命，每天只是到城里以卖面为生，日子过得清苦贫穷。有一天，一个被贬谪下凡的仙女来到人间，她看到马二混做人诚实，愿意嫁给他。在这位美丽仙女妻子的帮助之下，马二混和他的母亲过上了富裕的生活。

此画仿清末《聊斋志异》插图笔意，在桌案上绘制了熏香必备的炉、瓶、盒，瓶中插的一双箸、一个小铲，为使这套香具更为突出直观，特意将其画的比较大。

莲花瓣熏炉

《聊斋志异》卷七《金和尚》一文讲的是山东诸城一个姓金的孩子，父亲是个无赖，以几百钱将儿子卖到玉莲山寺当了和尚，即故事的主人公金和尚。金和尚在庙里学不会念经、打坐，只好去放牧，做些杂役。后来师傅去世了，他就把师傅的微薄积蓄卷走，到城里做起了买卖。他经商很灵，不到数年便暴富了。置田、造屋，还广招僧众，结交官府。很多和尚做了他的弟子，徒子徒孙异常之众。这么一个不僧不俗的金和尚，过着王侯般的美日子。他死以后，一半产业给了养子，一半给僧众，在当地也是一个传奇人物。

此画仿清末《聊斋志异》插图笔意。画中桌上摆着古琴，条案上有香炉一只。

三层五足银熏炉

画中所描绘的是中国古典四大名剧之一《长生殿》中《哭像》一出的场景。

杨贵妃死后，唐明皇命人用檀香木雕成妃子生像，叫高力士迎进宫内，由唐明皇自己亲自供养。唐明皇唱道：『爇腾腾的宝香，映荧烛光，猛逗着往事来心上。记当日长生殿里御炉傍，对牛女把深盟讲。又谁知信誓荒唐，存殁参商！空忆前盟不暂忘。今日呵，我在这厢，你在那厢，把着这断头香在手添凄怆。……呀，高力士，你看娘娘的脸上，兀的不流出泪来了。』

与画中所示香炉相似者有陕西省博物馆藏的唐代三层五足银熏炉。

焚香祭奠

清代叶申芗撰《本事词》中收有徐君宝妻词，所记是一个使人伤感的真实故事。在元兵犯境掠扰之时，有一个叫徐君宝的人，他的妻子不幸被捉，挟而至杭。元军的将领见徐妻貌美，多次欲对其非礼，都因徐妻拒绝而未能得逞。当要遭元将强行凌辱时，徐妻提出只有让我先祭奠一下我原来的丈夫，方可嫁与你为妻。元军将领也只好同意。此时徐妻焚香，面向家乡跪拜，在墙上题词一首，其中有：『清平三百载，典章文物，扫地都休。念此身未北，尚客南州。破镜徐郎何在，空惆怅、相见无由。从今后，断魂千里，夜夜岳阳楼。』写完此词抛笔，跳入河中殉情而亡。

银手炉焚御香

《水浒传》是我国著名古典长篇小说之一，作者为元末明初的施耐庵。

该书开篇第一回《张天师祈禳瘟疫 洪太尉误走妖魔》中即描写了一段与焚香相关的故事。宋仁宗朝有一年京师遭瘟疫，生灵涂炭，大臣进言请张天师做法消灾灭祸。皇帝在金殿上焚起御香，亲笔写了丹诏并赐御香一炷，委派洪太尉去办。

洪太尉领了诏书，『金盒子盛了御香』，带人奔向江西信州。那知赶到上清宫时，张天师却远去龙虎山结庵，修身养性去了。住持真人说需请太尉曲尊亲自步行上山去请。为了完成皇帝交办的任务，太尉只得香汤沐浴，换了一身布衣，自己背上用茧罗包裹的丹诏，『手提着银手炉，降降地烧着御香』，独自爬上大山。不曾想没走多久，山凹便跳出一只猛虎，吓得太尉爬在树根下，浑身打颤。老虎走后，他站起身『再收拾地上香炉，还把龙香烧着』，继续登山。行得不久，没想到迎面又钻出一条大蛇，口吐蛇信，把他再次吓个半死。等蛇走后，太尉『再拿了银提炉』，刚走几步，便遇到由张天师幻化的小道童骑牛而来。他连忙打听天师去处，道童说山上猛兽很多，你不要上去了。在京城过惯锦衣玉食的洪太尉叫苦不迭，只好转身下山。回到上清宫，太尉把丹诏交给住持代收，『龙香就三清殿上烧了』，便返京复命去了。

焚香祝天

此画仿《明刻历代烈女传》中《孝慈马后》插图笔意。

画中着皇帝衣帽者为朱元璋，娘娘打扮者为马后。烈女传插图所描绘的是朱元璋起义尚未得天下时的故事，所以帝后的龙袍凤冠不算正规。画面所绘主要内容为两人焚香祝天时，朱元璋说希望早日当上皇帝。马后规劝朱元璋说：现在群雄争霸，虽不知天命归谁，但以不杀人为本，要帮助百姓，这样人心所归，才是天命所在。

焚香祝天

宋代，福建晋江有一名女子叫吕良子，她的父亲吕仲洙病危之际，她焚香祝天，愿意以身代父赴死，此时只见一群喜鹊绕屋飞鸣，吕良子的真心终于感动上天，换来了父亲的病痊愈。

画中情景仿《明刻历代烈女传》笔意。

焚香祝告

明代小说《金瓶梅》第二十一回《吴月娘扫雪烹茶　应伯爵替花邀酒》中写到吴月娘自同西门庆吵架后，每月吃斋三日，逢七拜斗焚香，祈求使夫妻好合。这一天西门庆深夜归来，见吴月娘的丫头小玉从屋内搬出香几，一会儿又见吴月娘出来向天井内添炉炷香，望空深拜祈祷，大意为我吴氏嫁与西门庆后，他又娶了多名小妾，不想六个女人谁也没有生出一男半女，将来连扫墓的人都没有，我十分忧虑，决定每夜在星月之下祷告上天，希望西门庆早早放弃不良嗜好，用心家业，不论妻妾中谁生了儿子，我都感到高兴。西门庆听到，连忙出来跪求吴月娘谅解。

焚香

《西厢记》之十《闹简》中，张生接过红娘转交的莺莺写的信笺，读道：『待月西厢下，迎风户半开。拂墙花影动，疑是玉人来？』兴奋自然兴奋，可是也担心自己跳不过高墙，便对红娘说：『只是小生读书人，怎能跳得花园墙过？』想求红娘事先打开角门算了，红娘责备他道：『这件事小姐原是瞒着我的，若开了角门，小姐还能不怪我吗，你还是试试吧。你怕墙高，将来怎把龙门跳？你嫌树高，将来也难将仙桂攀。』是晚，张生虽然照计而行，不想崔莺莺在封建礼教的约束下，改变了自己的初衷，终止了私会计划。

此画仿日本藏《新刊徽板合像滚调乐府宫腔摘锦奇音》插图笔意。

焚香告天

《西厢记》之三《酬韵》一场描写了古代妇人于月夜祝香的情景。且看拜月是如何进行的：只见两个老妈子抬出一座香案来，摆在当地。两个小丫头，又捧着香炉香筒出来，陈设在案上。红娘站在小姐身旁递过一炷香，莺莺正要伸手去接时，只听得老太太说道：『且慢，这第一炷香，待老身来上罢。』莺莺从红娘手里接过香来，递给母亲。老太太双手擎着，只听她低低的说道：『这一炷香，但愿我家老相公早升天界，保佑他儿女一生福寿双全。』说着把香插到炉子中去，大丫头铺上毡条，老太太颤巍巍的拜倒身去，众人静悄悄地在后面一字儿站着。

作者为读者如此详细地还原了古人日常生活中的一幕，可以看出当时人们对于焚香告天是多么虔诚。尽管有迷信的成份在其中，但也是人们真实情感渲泄的一个方式和寄托。崔小姐在庙中所寄住的一段时间里，每天深夜都要祝香告天，不像现实中的我们，深夜看完电视简单洗洗便睡去了。

青瓷三足炉

仍是《西厢记》之三《酬韵》，崔莺莺母亲燃香祝过之后归房去了。小姐从红娘手中接过香，望月祝告。到第三炷香该为自己命运祝告时，却一时语塞。红娘了解小姐心思，代为祝告：『此一炷香，愿崔家莺莺小姐，配得姐夫，冠世才学，状元及第，风流人物，温柔性格，与小姐百年成对波！』莺莺听了，微微一笑，添上香拜着。嘴里低低的说道：『世间无限伤心事，已在深深一拜中！』说罢，不禁长叹了一声。

线香出现的年代，一说元代，一说明末。

画中所示香炉，传世的有南宋青釉三足炉。旁边所置香筒，除用瓷制外，还有其它材质的，如竹制、木制等。

焚香上祝

仿《明刻历代烈女传》之《董湄妻》笔意。

也许这是个真实的故事，但很可能无法引起现代人的认同。明代，海宁市有个姓虞的女孩子，对文学很感兴趣，经常吟咏古人诗句。按古时风俗，十六岁便嫁给了董家儿子为妻。没想到命运不幸，婚后仅两个月，丈夫便死去。作为妻子的她痛不欲生，想以死殉情。父母劝其再嫁，她也没有同意，并吟咏两首诗以表心意，《咏菊》云：『移得春苗爱护周，柴桑无主为谁秋。寒芳甘抱枯枝萎，羞坠西风逐水流。』《咏竹》云：『一片贞心古井泉，清寒彻骨自堪怜。相看岁暮青青色，历尽冰霜戴一天。』她请人照夫婿生前的样子雕刻了一尊木造像供在房中，每天定时焚香以祝，直到五十余岁死去。

此处不去讨论她从一而终的道德行为是否正确，只是敬佩她几十年每日焚香告天的坚持。

孙策焚香

《三国演义》是我国著名古典长篇章回历史小说之一，作者为元末明初的罗贯中。

在第二十九回《小霸王怒斩于吉　碧眼儿坐领江东》中说到娶了美人大乔的江东霸主孙策性格暴烈，因遭人暗算重伤在身，正在治疗。见到『百姓俱焚香伏道而拜』被称为活神仙的老道于吉，气便不打一处来，令人杀之。虽被众人劝住，仍将于吉打入死牢。其母再三规劝也不听，孙策对众人说：『对于听信邪教，鼓瑟焚香之人，杀无赦。』终下令把老道于吉斩首。

故事到此尚未结束，但随后的描述有些神怪小说的笔法。说的是孙策因梦见于吉前来讨命，病情加重。其母认为这是屈杀于吉遭到报应，叫他赶快到玉清观拜祷。孙策只得勉强答应。来到观中，『道人接入，请策焚香，焚而不谢，忽香炉中烟起不散，结成一座华盖，上面端坐着于吉』。孙策十分气恼，叫武士放火把庙宇烧毁殆尽。但孙策回到军帐后不久也伤口迸裂而亡。

焚香祭奠

《红楼梦》第八十九回《人亡物在公子填词　蛇影杯弓颦卿绝粒》中描写了宝玉去学房时，袭人因怕他受寒，便挑了件衣服包好交给焙茗带着。上课时，因寒风突起，焙茗为宝玉加衣。没想到这件外衣正是晴雯生前亲手修补过的雀金裘，故而引起宝玉对晴雯的追思。放学回家后，心神不定、诸务无心的宝玉连饭也没吃就睡下了。第二天起来，宝玉便吩咐收拾出一间屋子，并备下一炉香及笔墨纸砚，自己要静坐半日。袭人没有猜出宝玉的心思，为宝玉准备的屋子正好是晴雯生前住的那一间。宝玉进来亲手点了一炷香，摆上一些果品，又叫众人出去。他拿了一幅泥金角花的粉红笺出来，口中祝了几句，便提起笔来写道：『怡红主人焚付晴姐知之，酌茗清香，庶几来飨！』词中有『想象更无怀梦草，添衣还见翠云裘，脉脉使人愁！』写完就在香上点火焚化。又静静等到一炷香燃尽才开门出来。

祭奠用香

《红楼梦》第四十三回《闲取乐偶攒金庆寿 不了情暂撮土为香》中十分详细地描述了宝玉为了祭奠投井而死的王夫人的丫环金钏，避开众人，骑马与焙茗一口气跑出近十里路，想找个清静之处举行仪式。本想命焙茗去买些名香，如檀、芸、降三样，但因荒郊野外难以寻觅，只得用自己随身携带的荷包中的两星沉速代替。焙茗又替他想了个权宜之策，到水仙庵借来香炉，走到庵内后园，放置在井台之上，暗合金钏命丧之所。书中描写到：『宝玉掏出香来焚上，含泪施了半礼。』

画中原应为焙茗在磕头，是循礼数主仆有别之故。现画换成宝玉跪释，则是一种艺术表现手法，以此突现宝玉冲破礼教，平等待人的性格。重点在于古人在不同环境和情况下，是如何进行香事的。

焚香膜拜

母学勇所著《剑阁觉苑寺明代佛传壁画》一书中《达摩西来》图版的说明文字为：『此故事记的是沙门达摩已成正法，凡有难之人欲求超度，只需遥想心应，他便立即出现在你的身旁，为你解难。』

画中可见一片大海，达摩站在木船前端，『双手统于袖中，正面向冒着五色光焰的香炉礼拜』。

此画摹自该书图版。

此画仿唐《六尊者像》笔意。作画者为吴道子最得意的弟子之一卢楞枷。他擅长画经变佛事，曾在成都大圣慈寺作六幅行道高僧像，颜真卿为之题字，时称二绝。此画原藏于清宫，后被人在宝座坐垫下发现，可惜已霉烂大半。

燃香计时

中国的焚香历史在春秋战国时期已有记载，汉代以后道家也有推行，而佛教及其仪式的传入更起到推波助澜的作用。正如茶道与佛教禅宗打坐有关，篆香也与佛教诵经相关，用香末做成连笔字形状，使之保持固定的燃烧时间，可以起到计时器的作用，以规范僧众诵读经书的活动。据《香谱·百刻香》记载：『近世尚奇者作香篆，其文准十二辰，分一百刻，凡燃一昼夜已。』可当作无声的钟漏。

仿明代《千秋绝艳图》笔意。

熏香弹唱

古代女子弹琵琶的故事在绘画、戏曲、诗词中多有描述，如唐诗有白居易的长诗《琵琶行》；绘画有风雪之中抱着琵琶的《昭君出塞图》；戏曲有脍炙人口的《秦香莲》［王丞相让秦香莲在宴会上当着陈世美的面弹琵琶诉说悲情］。但请问诸君知道古代男人弹琵琶的故事吗？而且还是有身份的政府『公务员』！此人就像当今在地下通道中边弹边唱的吉它哥。

据记载，唐代长安有位叫杨慎的公子，很喜欢弹琵琶，经常作诗弹唱。后来金榜题名，成为公务员，仍在夏日月夜梳个少年发型，穿个单薄短袖，背着琵琶，在长安大道西边，无拘无束大声唱着自己所作新歌，一直弹唱到天明而乐此不疲。

有一天大官李阁老上早朝，路过此地，闻有弹唱之音，『听其声异常流』，那感觉应该就像现代人听摇滚吧，派人去询问后，便下了公车与其相见，这位杨公子十分坦然地说：『上早班时间还来得及，我给您来一段。』没等李阁老表态，便弹唱起来。一曲长词唱完，天已大亮，阁老听罢没说话便乘车上朝去了。杨公子也随之换上官服，步行进入大殿之内。下班后，杨公子与李阁老再次会面，李阁老说：『你前途无量何必要当琵琶手？』自是长安一片月，绝不闻杨公子琵琶声矣！

再回到焚香主题上，画面中所示香炉为博山炉，与之相似的有日本奈良大和文华馆藏白瓷博山炉。

民间年画中的香供样式

北帝全称『北方真武玄天上帝』，是道教尊崇的北方之神。北方属水，所以北帝为水神，早期形象为龟蛇相缠。明代以后由于皇帝的推崇，信仰真武大帝，在京城的艮位建了一座真武庙［今天北京复兴门外西南方仍有真武庙地名］，又在武当山天柱峰顶铸造铜殿，饰以黄金，并造玄武大帝像于殿中。从此，信仰北帝遍及全国。《中国神谱》有一段记载很有意思，现摘录以飨读者：『据《台湾神像艺术》说，玄武本是民间一屠夫，以杀猪为业，性情至孝。及至晚年，悔悟自己杀生太多，乃毅然放下屠刀，隐入深山修行。一日忽有所悟，听神人指示：「欲除杀生之罪，须刀割自己腹肚，取出脏腑，洗清罪过。」屠夫尊意而行，剖腹于河中。至诚感天，遂成仙，为玄天上帝。而弃于河中的胃脏却变成龟，肠变成蛇，兴妖作怪，玄天上帝又亲自下凡降服这个充满自己罪孽的胃肠。这个故事看似很幼稚朴实，又加了一些佛教的色彩，其实最能反映玄武弃旧形、换新装的真相。』

画中供桌之上有三足香炉一件，北帝慈眉善目，下有龟蛇形象，是一幅吉庆的年画。

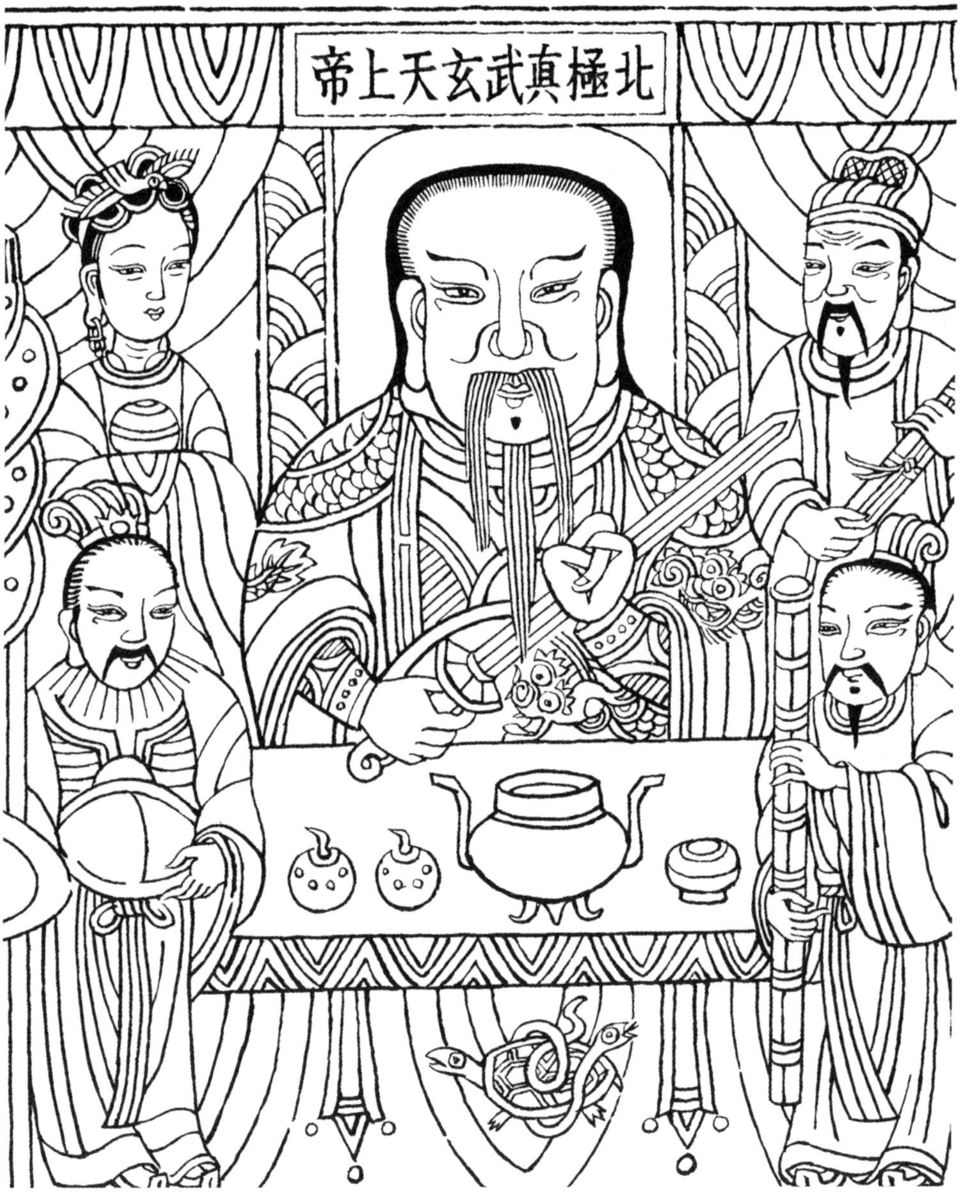
北極真武玄天上帝

出会臂香

况周颐，清末民初广西掌故大家，其所著《眉庐丛话》一书中《苏州赛神之臂香绝异》里写道：『苏俗赛神，舆神而游于市［俗谓之出会］，前导有臂香者，袒裼张两臂，以铜丝穿臂肉，仅参黍，悬铜锡香炉，爇栴檀其中，或悬巨铜钲，皆重数十斤。乃至数十人，振臂而行，历远而弗坠，亦足异矣。』可谓是一种类如宗教苦行僧的修行活动。

焚香独处

此画仿《五言唐诗画谱》笔意。画谱为青岛市博物馆藏明刻本。原画落款为丁云鹏。画工按照唐诗的内容，选择当代或前朝画家的相应作品，为诗配画，刻版印刷，呈诗情画意，供人欣赏借鉴。明代陈继儒曾赞此书曰：『虽浓淡稍得其宜，而意趣都入化境。』

岑参，唐朝人，进士出身，官至刺史。所作《题僧读经堂》云：『结室开三藏，焚香老一峰。云间独坐卧，只是对杉松。』

古代香铺

此画仿《清明上河图》［局部］笔意。

画中再现当时繁华商业街中挂有『刘家上色沉檀楝香』招幌的香店铺面。『上色』即香料成色好的意思。据杨之水著《古诗文名物新证》所述，楝香为乳香树树脂，薰陆即乳香，以其形状称之乳头香。最好的乳香宋时称『楝香』。画面左下角人物背后码放的应为包装好的香料。

劉家上色沉檀揀香

劉家沉香真正揀選上等香舖

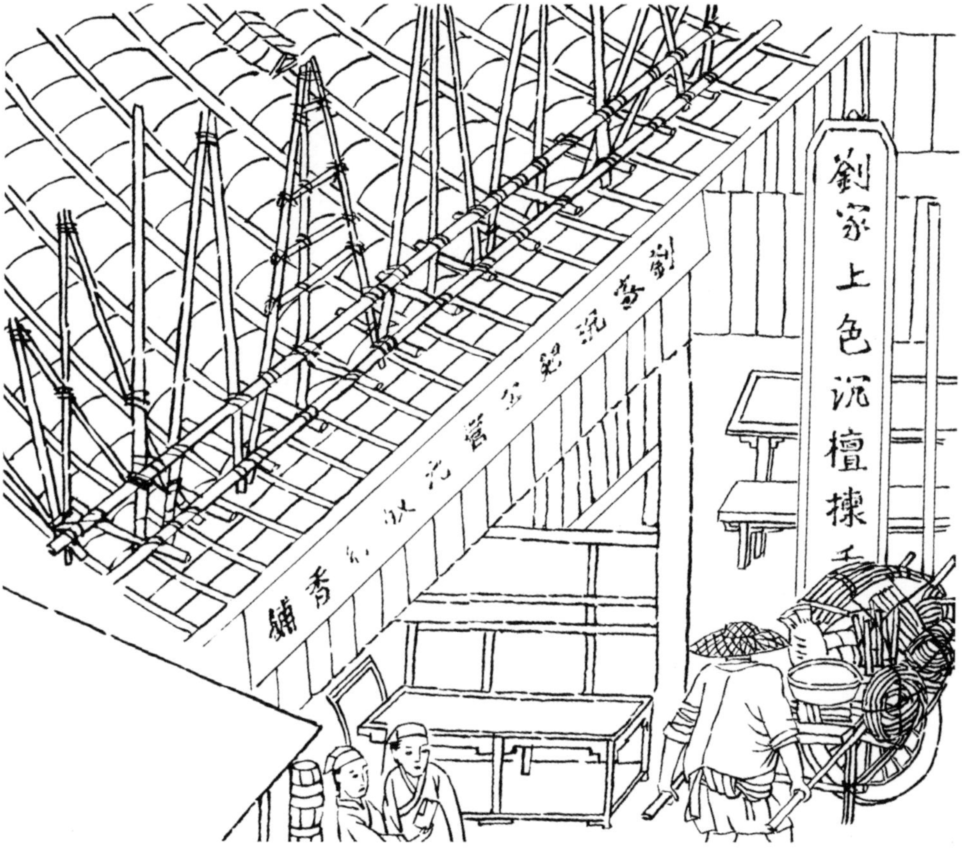

制香工艺

宋人吕同老，山东人，所作《天香「宛委山房拟赋龙涎香」》词云：『冰片熔肌，水沉换骨，蜿蜒梦断瀛岛。剪碎腥云，杵匀枯沫，妙手制成翻巧。金篝候火，无似有，微熏初好。帘影垂风不动，屏深护春宜小。』

应把此词视为宋代制造龙涎香工艺流程的真实记录：把冰片熔化「冰片为龙脑香树树脂的提纯结晶物，最上等的称为梅花脑」，把小块沉水香切削成香末，再经过对原材料的进一步加工，剪碎、研细，最后制成形态各异的精巧香饼。接下来作者又指出，龙涎香这种香品虽然珍贵，也只有会焚燃才能将其香质发挥极致。词人说香炉内香炭温度要『无似有』，实际意思是说火力要有似无，接着写出品香的环境，最好室内要有防风的帘帐及用屏风隔挡的小空间。

也许因为作者生平事迹较为平凡，人们对其知之不多，所以对这样有价值的制香词重视不够。

榨玉香图

此图仿一八三〇至一八六〇年间广州的『啉呱画室』画家薄呱所绘《榨玉香》图。画面为清代制线香的工艺过程。

制香人将榆皮面加适量的水合成糊状，再加入合香面，混在一起撮成条状，放在压香的唧筒里，操纵杠杆，自上而下用力挤压，成条的线香即压成。香条可制成盘香状，待荫干后可以直接燃点，亦可以悬挂燃点，这种挂起来点燃的盘香，李时珍早就给它取了一个好听的名字，叫『龙挂香』，现代一些大的寺庙里，还能见到悬挂盘香的景象。切成一定尺寸的香条，一般就称『线香』。线香因使用方便，且是合香，原材料便宜，自古以来都是大众喜欢使用的宗教用香和百姓日常用香。

真假香识

打假之事古已有之。由于广州出产的龙涎香名列珍品，价位极高，因而就有人生产假货或以次充好，古人便相互关照：在购买广州心字香时，要看仔细，不要上了假货的当。《香识》一书中所引用的一条资料对此记录得十分详细：『许道寿者，本建康道士，后还为民，居临安太庙前，以鬻香为业，仿广州造龙涎诸香，虽沉、麝、笺、檀，亦大半作伪。』

画中描绘的是一个游商被香料市场管理者盘问的情景。

另据记载，宋朝时有客见到市场销售的龙涎香，两钱竟叫价三十万缗。而当皇妃刘氏想出二十万缗购买时却遭到拒绝。因此招至皇妃不满，命开封市长亲自查验真假。用商人所说的辨别办法，『浮于水则鱼集，熏衣则香不竭』，最后还是断为真龙涎香而结案。据明代小说《三言二拍》所述，唐时千钱为缗。一缗在明代为一两银子。

南北香料百年老店

制香毬

唐代诗人元稹诗作《香毬》云『顺俗唯团转，居中莫动摇』，写的是香毬的机械原理，他还写过一首《友封体》，其中有『微风暗度香囊转』之句，可见他对能保持平衡转而不覆的香毬很感兴趣。白居易《青毡帐十二韵》中有『银囊带火悬』之句，也是由香毬在使用中的奇妙功能而引发的入微观察。

此画构想的是，在古代并不具备先进工业设备的条件下，工匠们是如何借鉴、发明、创新，制造出符合科学原理的香毬。据资料显示，美国大都会博物馆藏黄铜香毬，其内部构造比国内出土的香毬多一个保持平衡的同心内环，但时代晚于唐代。

宣德皇帝与宣德炉

宣德炉是至今仍受到人们追捧的珍宝，原因不外乎与宣德皇帝有关、优质的进口铜料及工匠的高超技能。当时，宣德皇帝认为每年国家大的祭祀及宫内所用鼎彝都是前朝遗留下来的，不成体系。恰好有暹逻国剌迦满蔼进贡洋铜，名为风磨，因此命：『礼部会同司礼监并尔工部等参酌机宜，将应铸鼎彝，可照《博古》《考古》诸书，并内库所藏柴、汝、官、哥、均、定等窑器皿款式典雅者，照样铸造来。』

更为重要的是工匠的艰辛努力。在制造宣德炉之始，宣德皇帝亲自询问工匠：怎样才能使铜器铸造得异常精美？工匠回答：铜矿石要经过六次精炼，才能现出一种珠光宝色，尤如精美的黄金制品。于是宣德皇帝拍板决定：一定要增加精炼的次数，以得到旷世之物。制定出要达到十二次精炼的铸造方案，每斤铜料所得精铜只有四两重，并添加其它珍贵矿物配方。据有关资料显示，宣德时期的四次铸造，只完成精妙鼎彝计三三六五件。

画中所表现的是宣德皇帝亲临铸冶现场，向工匠询问有关事宜，当然这只是一种艺术再现而已。

宣德炉

孙玉声是清末民初上海著名掌故专家，其所著《退醒庐笔记》下卷之三十九《铁屑军窑瓶》一节中记有这样一件事：自己的父亲一生十分喜爱收藏瓷器、铜器、玉器等古董，家里已是累箧盈箱，数量很大。但其时正逢社会动荡，战火频仍。一次深夜仓促逃难时，父亲未加思索把最珍爱的一只摆在案头的『内炽炭墼，以备暇时将布巾抚拭，使之发出宝光』的宣德炉藏进身穿的夹袍内，跟着家人们逃了出去。由于剧烈跑动，宣德炉内未熄的余火燃着衣服，一时『浓烟缕缕，出自衣中』，其父『急忙解衣，此炉始琤然坠地，而当胸之衣内外均已燃及，几受灼肤之痛』。但不幸的是，在后来的动乱中，这只宣德炉还是丢失了。宣德炉在藏家心目中的地位由此可见一斑。

白定炉

况周颐所著《餐樱庑随笔》一书之《古玩趣话》中说到，曾见《花村谈往》一书，佚名，在其《古玩致祸》一则中记载：『万历末年，娄东有一白定炉，下足微损，乡村老媪佛前供养。偶有觅古者一金易之。则为拂拭，碾去损处，锦袭以藏，售云间大收藏家顾亭林，得四十金。亭林又售董宗伯，价已翔至一百二十金。』可知定窑香炉在明代已十分珍贵，古代淘宝者也同当下人一样，深入穷乡僻壤，收购文物古玩，低进高出，赚得好处。

镂空玉香炉

从清人庆桂等著《国朝宫史续编》中，可以知道乾隆皇帝曾因为香炉之事大发了一次脾气。这是他看到苏州、扬州等地进呈大内的玉香炉雕刻镂空的部位过多，批评道：『炉鼎亦须贮灰，方可燃爇，今皆行镂空，又有何用。此皆系该处奸滑匠人造作此等无用之物，以为新巧，希图厚价获利。』其实，乾隆指出的问题是十分正确的，包括实用品在内的工艺美术品，设计原则应为经济、实用、美观。若失去其中一条，便是制造浪费。

与画中所示香炉相似者有清代青玉透雕熏炉。

参考书目

香谱　[宋]洪刍著，文渊阁四库全书本。

陈氏香谱　[宋]陈敬著，文渊阁四库全书本。

新纂香谱　[宋]陈敬著，严小青编著，中华书局，2012年版。

太平御览　[宋]李昉著，四部丛刊影印宋刊本。

三国演义　罗贯中著，人民文学出版社，2003年版。

水浒传　施耐庵著，人民文学出版社，2003年版。

香乘　[明]周嘉胄著，文渊阁四库全书本。

本草纲目　[明]李时珍著，刘衡如校点，人民卫生出版社，1981年版。

红楼梦　曹雪芹著，人民文学出版社，1973年版。

淞滨琐话　[清]王韬著，冠德江点校。

耳食录·三异笔谈　[清]乐钧许仲元著，范义臣点校，紫禁城出版社，2010年版。

春冰室野乘　[清]李岳瑞著

退醒庐笔记　[清]孙玉声著

健庐随笔　[清]杜保祺著

眉庐丛话　[清]况周颐著

餐樱庑随笔　［清］况周颐著

石屋余渖　马叙伦著

石屋续渖　马叙伦著

杶庐所闻录　瞿兑之著

故都闻见录　瞿兑之著

民国笔记小说大观［第一辑］　山西古籍出版社，1995年版。

笔记小说精品丛书　重庆出版社，2005年版。

中国香文化　傅京亮著，齐鲁书社，2008年版。

细说中国香文化　周文志、连汝安著，九州出版社，2009年版。

燕居香语　陈云君著，百花文艺出版社，2010年版。

宋代香药贸易史稿　林天蔚著，中国学社，1960年版。

清朝洋商秘档　李国学主编，九州出版社，2010年版。

香识　杨之水著，广西师范大学出版社，2011年版。

中国神谱　栾保群著，天津人民出版社，2009年版。

宋代《香谱》之研究　刘静敏著，文史哲出版社［台北］，2007年版。

香学会典　刘良佑著，东方香学研究会［台北］，2003年版。

日本史概说　坂本太郎著，商务印书馆，1992年版。

后记

今年暑热之际，一位对中国香事颇有研究的资深编辑范纬女士，约请我这个赋闲在家、年近古稀、曾经的美术编辑绘制一套有关中国香文化内容的图册。

当时觉得工程不小。因其不仅要对中国香文化历史地位有所理解，还需从大量典故、史料中去查找例证；对香料的形态、燃香的手法和方式及香具种类与沿革较为了解；而且要对各历史时期古代人物的服饰、体态、发型做客观把握；更不必说要对各朝代生活用品、室内陈设诸如家具、灯具、琴棋书画、纸笔墨砚的样式及山石、动物、植物特征作精准的描绘。《红楼梦》第四十二回中，惜春接了贾母命画大观园行乐图的任务后，感到压力山大。宝钗说：『如今画这园子，非离了肚子里头有丘壑的，如何成画？』又说画人物：『衣褶裙带，指手足步，最是要紧；一笔不细，不是肿了手，就是瘸了脚。』其所言极是。一张行乐图，惜春得到半年的假来完成。而给我的时间并不宽裕，决不可能像黛玉说的『照着样儿慢慢的画』。所以正应了那句套话：时间紧、任务重、困难大。这一以中国香文化为主题的绘画版图书的画稿创作，对于过去只点燃过蚊香的我来说，的确有相当大的难度。

不过，好在鄙人素日喜读各类中国古典杂书，总是有所积累。加之毕业于工艺美院，是著名工笔女画家于致贞先生的门生。［那年先生带我们到中山公园兰花室写生，见到我所作设色兰花图作业，欣然命笔，用瘦金体题写了跋语，我一直珍藏至今。］业余也曾为两家出版社绘制过数千张白描插图，有一定执管技艺根底。现在，虽老眼昏花，所幸手尚不颤抖。知难而进，点头应允。

此后，便多日搜索于各新旧书店、大小书摊，购买了大批相关书籍资料。以至一次在中国书店结帐，收款员笑容可掬主动询问：要不要办张优惠卡？接下来的一段时间内手不释卷，摘抄相关文字资料，整理必要的视觉素材，进行草图的艺术构思。在逐步了解中国古代香文化的过程中，深感与中国古代茶文化、插花艺术一样，香文化其实早就是历史上先民大儒们生活中不可须臾离开的重要组成部分。其典雅、精深，尤其在精神层面上给人带来的愉悦享受，都是当代现实社会中人们需要很好继承的宝贵遗产。

在绘制过程中，因兴趣至浓，除两餐之外，全力投入而乐此不疲，伏案作画往往每日达十数小时之久。却正应了古人所云：过犹不及。因年老体衰、垂足久坐，不虞惹上了痛风新疾，脚肿得很厉害。只好且画且卧，且卧且画，长达两月有余。

本册画面中的艺术形象参照了近百部手边的图书资料，诸如中国古代小说、诗词之木刻绣像图集、古代人物画谱、古代人物画作及现代出版的古代人物线描资料。在个人艺术创作基础上，有些画面的人物衣纹、动态借鉴了前人的作品，在文字说明中已特为标出：仿某某之笔意。然而，终因自己对古代服饰并无深入研究，虽尽量依据服饰专家之研究成果，往往有时因其文字叙述、形象描绘过于笼而统之，难免有张冠李戴之误。好在本册以介绍香文化方面逸闻趣事为重点，所绘内容、形象诸方面所显露之谬误，万望方家斧正。

对于香文化初步涉猎、一知半解又无实践知识，不会电脑上网漫查别人整理好的资料，只靠购入有限图书，难免挂一漏万。但我之所以不揣浅陋敢于贡献出这部可能是香文化范围内前所未有的全绘画版《古香遗珍》，皆因范纬先生以近八十岁高龄，为深究中国古香料之本源，独自奔广西、赴越南考察，撰写、出版数种香文化专著，亲自选购、定制香品、香具，为宣传中国香文化不遗余力，其精诚所至，深深感动了我。

不觉金风渐起，望着这浸淫着自己的心血、九朽一罢，表现中国古代香文化诸方面知识的百余张白描作品，套用已流行过的一个句式，为：『肿并快乐着』。

张习广

农历癸巳年季秋于翰林庭院弄斧堂